淡定的女人最幸福:
卡耐基写给女人的
幸福箴言
Dale Carnegie

DANDING DE NÜREN ZUI XINGFU:
KANAIJI XIE GEI NÜREN DE XINGFU ZHENYAN

[美]戴尔·卡耐基 著

徐志晶 编译

北方妇女儿童出版社

长春

图书在版编目（CIP）数据

淡定的女人最幸福：卡耐基写给女人的幸福箴言/（美）卡耐基著；徐志晶编译. —长春：北方妇女儿童出版社，2015.1（2018.6重印）

（悦读时光）

ISBN 978-7-5385-8817-0

Ⅰ.①淡… Ⅱ.①卡… ②徐… Ⅲ.①女性－成功心理－通俗读物 Ⅳ.①B848.4-49

中国版本图书馆CIP数据核字（2014）第265442号

出 版 人：刘　刚
策　　划：师晓晖
责任编辑：熊晓君　于佳佳
制　　作：壬辰图书（www.rzbook.com）
开　　本：787mm×1092mm　1/32
印　　张：8
字　　数：160千字
印　　刷：北京佳诚信缘彩印有限公司
版　　次：2015年1月第1版
印　　次：2018年6月第4次印刷

出　　版：北方妇女儿童出版社
发　　行：北方妇女儿童出版社
地　　址：长春市人民大街4646号
　　　　　　邮　编：130021
电　　话：总编办：0431-86037970
　　　　　　发行科：0431-85640624

定　　价：18.00元

幸福是什么？这是很多女人终其一生都在思考的问题。女人怎样才算拥有幸福的生活？是需要有金钱、事业、地位，还是需要有一个爱人、一个温馨的家？抑或是需要有别人望尘莫及的能力，站在众人的顶端？

其实，这些因素都可以说是女人一生幸福的重要组成部分。但是，就算是这些你全部得到了，有时候你也不会觉得自己很幸福，这又是为什么呢？是对幸福的定义变了，还是追寻的心态不一样了，其实都有吧。说穿了，女人想要的幸福就是一种心安的感觉。如果你内心感觉幸福，那么哪怕生活再清苦，你也甘之如饴，否则的话，锦衣玉食也换不来女人一个真心的笑容。

一个聪明的女人，对幸福的追寻，从来就没有停止过。只有那些睿智的女人，才真正地得到了幸福。

戴尔·卡耐基是世界著名的成功学大师，他曾经被誉为美国现代成人教育之父、人性教父。可以说，他对于人性问题的研究是非常透彻的。卡耐基的相关理论，从女人生活中最基本的构成方面出发，给大家诠释一个个不一样的人生智慧。

在本书中，你会看到不同层次、不同场合的女人，从个人魅力到工作，从爱情到婚姻，从个人的情绪到与朋友的相处，展现的是不一样的自我，美丽的、聪明的、温柔的、狡黠的、善变的、高雅的……卡耐基会告诉这些女人，不论在什么时候，只有你自己才能拯救自己。所以，聪明的女人要努力学会经营自己、驾驭自己，这样才能最终得到幸福和快乐。

阅读本书，或许不能让你一下子就感觉到幸福是什么，但是一定能告诉你找寻幸福的方法。如果你正在苦苦地追寻幸福，相信本书会带给你不一样的感觉。但是，聪明的女人，你要知道，每个人面对的环境是不同的，本书只能给你一些建议，或者是方法的引导，而不是你真实生活的反映。只有你读了，然后去实践，这样才会有一定的成效。因此，谨将本书送给那些渴望获得幸福的女性，衷心地希望每一位读这本书的女性都能有所收获，在寻找幸福的道路上走得更好。

目录
Contents

Part 01

保持一种好心态

快乐就是幸福，一个人如果能从平凡的生活中发现快乐，就比别人幸福。每天拥有一个好心态，你就能幸福。

笑看人生，让抱怨随风而逝

要想拥有一颗感知幸福的心，首先就要对人生充满热情，而不是生活在抱怨中。只有当你以积极的心态对待生活中的事情时，你才会发现，幸福其实无处不在，这样你才能感知自己生活在幸福中，心情才能愉悦。

"我怎么这么不幸呢？"在生活中，我们无数次听到许多女性这样抱怨。她们抱怨自己的生活不如意，丈夫不体贴，孩子不听话，身材不够好……从她们口中，几乎发现不了自己生活中的如意之处，尽管别人私下里对她们羡慕不已。这真是一个奇怪的现象。到底为什么这些女性感受不到自己身边的幸福？其实，看看我的邻居格莱明夫妇，或许你就能找到问题的答案。

那天清晨，我在庭院中散步。一幅美好的画面吸引了我：一棵高大的树旁，一位轮椅上的老人在静静地看着远方。一位老妇人出现了，轮椅上的老人抬头看着走来的老妇人，笑了。很温馨的一幅画面。我知道，这又是格莱明夫妇在享受阳光。格莱明夫妇是我们的邻居。格莱明先生年轻时是一家公司的总裁，退休后身患重病，与轮椅为伴已经十多年了。都说久病之人性格古怪，格莱明先生偶尔也会大吼大叫。但奇怪的是，只要格莱明太太出现，这吼叫声就消失了，取而代之的是甜蜜的微笑和深情的注视。

那天，我听说格莱明先生病了，可能不久于世。没想到，今天早晨，我仍看到了他们。在晨光的沐浴下，二人的脸上满是祥和与安静。看到我，格莱明先生一脸幸福地说："早安，卡耐基先生！今天的阳光真美。"

是啊，今天的阳光真美。小小的满足和幸福就洋溢在他们的脸上，因为他们发现了当下的幸福。

其实，正如格莱明夫妇享受阳光一样，幸福无处不在，离我们并不远。重要的是，我们能有一颗随时随地发现幸福的心。而这颗发现之心，才是最难得的。

在生活中，抱怨无处不在：父母抱怨孩子不懂事，孩子抱怨家长不体谅自己，职员抱怨自己付出的多获得的少，老板抱怨生意难做、员工不用心……无数的抱怨充斥在我们的周围。于是在抱怨中，我们总会发现身边的不完美、不如意，总觉得上帝待我们极其不公正。在周而复始的抱怨中，那些原来可以感受到的点点幸福就消失了。

我的一位学心理学的朋友曾告诉我，良好的心理暗示可以引导我们走向成功和幸福，而不良的心理暗示，则会导致我们灰暗的人生。其实，抱怨不就是一种灰暗的心理暗示吗？如果把抱怨比作一种慢性毒药，那它就在每天侵蚀着我们的精神健康，甚至身体健康。于是，在抱怨中，幸福远离我们，我们那发现幸福的眼睛就在这个过程中，被抱怨遮蔽。长期下来，意志之堤终致溃败，最终使自己远离幸福。

有一位商人，一直认为自己不幸福。虽然他已经家财万贯，但一想到自己身边的事情，他就觉得自己是天底下最不幸的人。那一天，他发现了一个奇怪的现象。

在商人的牧场边，生活着一对靠捡垃圾为生的夫妻。这对夫妻每天早早出门，很晚才回家。一回到家，他们就会坐在一张凳子上，把双脚泡在盆中，接着就开始唱歌。一直唱到月亮升起来，他们才进屋睡觉。

商人觉得很奇怪，自己每天都快让生活压死了，他们生活贫困，竟然还会如此开心？带着疑问，商人问了这对夫妻。得到的回答是："为什么不开心呢？我们感到很幸福。你看，脚放在水里泡着时，一天的劳累消失了。唱起歌，心中全是劳累后的开心。更不用说，还有那美好的月光了。这么幸福的生活，为什么不放声歌唱呢？"

其实，同样的幸福也在商人的身边，只不过，商人被自己的眼睛蒙蔽了，不能发现身边那些微小的幸福。其实仔细看一看，我们的身边并不缺少幸福：饥饿中的人，吃到第一口饭，格外幸福；口渴中的人，喝到第一口水，分外幸福；长期失业的人，找到一份工作，更是难抑的幸福……

葡萄牙作家费尔南多·佩索阿说："真正的景观是我们自己创造的，因为我们是它们的上帝。我对世界七大洲的任何地方既没有兴趣，也没有真正去看过。我游历我自己的第八大洲。"事实就像费尔南多·佩索阿所说，在生活中，真正的幸福也是我们自己创造的，我们是我们自己的上帝。

今天是罗斯大学毕业的好日子。父亲约翰送了她一辆新车。于是，罗斯和姐姐、年幼的弟弟一起驾车去郊外旅游。在市区内，姐姐担心罗斯刚考到驾照，车技不行，就建议到人烟稀少的郊外再让罗斯开车。就这样，三人快乐地驰过市区，来到郊区。一到郊区，罗斯兴奋不已，甚至忘了自己是驾车新手。就是这种得意忘形，最终导致车子撞到大树上。结果，大姐受重

伤，肋骨骨折。年幼的弟弟当场死亡。

当父亲约翰和母亲克莱尔到达医院后，他们将幸存的罗斯和姐姐紧紧地抱在怀中，泪水洒在她们的身上。接着，父母安慰着小女儿罗斯，细心地照顾着大女儿。多年过去后，罗斯已经有了自己的家。有一次她问母亲，为什么当年出事后没有教训自己。因为弟弟的死其实是她造成的。母亲目光深情地望着远方说："你弟弟已经去了，又何必让你生活在痛苦中呢？无论我们说你什么，弟弟都不能复生。还是珍惜幸存的你，让你活得快乐些吧。"

试想一下，如果约翰夫妇指责小女儿，只能是增加小女儿的痛苦，严重的话可能还会失去小女儿，对事件能有什么帮助吗？

所以，抱怨其实解决不了问题，反而会让事情变得更加糟糕。不如放宽心，让自己活得轻松一些，让对方也活得轻松一些。这样的结果岂不更好？

幸福箴言

抱怨不但对我们的幸福无益，还会降低幸福的指数。每抱怨一分，幸福就远离一分。与其抱怨，不如培养自己拥有一颗感受身边幸福的心。

学会赞美，好心情与你同行

如果没有一颗欣赏他人的心，女性就难以培养出宁静安详的气质，当你欣赏、赞美别人的美好时，自己也受到了美的熏陶。

"在这个公司里薪酬条件不是很好吗？为什么你总是闷闷不乐？"

"上司太拘谨了，无论我把方案做得多么努力，他都是'哦''就这样吧'，从来没有给过我正面的肯定！"

听了这段对话之后，不知道有没有人觉得后者有些孩子气，她会因为没人夸奖自己就闷闷不乐。可是设身处地想想，我们自己也经常会因为这种"小事"影响到情绪。要知道，希望被人注意、被人们称赞可是人类的本性之一。

一个人生活在世界上最需要的东西是哪些呢？我曾经做过这样一个调查，问人们最想要的是什么东西，最后的结果令人惊讶，"被重视、被欣赏"居然和其他生存必需品一起上榜，成为人们心中非常在意的生活要素。威廉·扎姆士曾经说过："人类本质最殷切的需求就是渴望被人肯定。"而在哲学家约翰·杜威看来，"希望具有重要性"是人类本质中最深远的驱动力。我想，人类除了物质需求以外，同样需要精神上的抚慰吧。

去年秋天，我曾经在一次集会上，遇到了一位性格开朗的女培训师莫妮卡小姐，她已经在社会上打拼近二十年，年纪估计也在四十岁以上了，但是当我们看到她时，印象最深的是她的活力十足与笑语不断，她整个人看起来好像只有三十岁一样。

当莫妮卡介绍她的同伴给我们的时候，充分展现出了自己的风趣，她介绍一位女士的时候说："这位美女就是我们加州最棒的撰稿人之一——艾尔小姐。"而说到自己年轻的同事时，她则是赞许道："不要看霍华德年轻。他可是我们培训行业的明日之星。"被莫妮卡小姐提到的人全都笑着说"过奖"，大家一片欢声笑语。莫妮卡是在巴结人吗？不是，她比她称赞的人名气都大。我发现，莫妮卡的这些赞美总是会让场面充满了温馨感，被她提到的人也会变得很活跃。

"当我看到别人身上的闪光点的时候，我会毫不吝惜地夸赞他们，虽然有些人会不好意思，但实际上大家都很高兴。"在我采访莫妮卡的时候，她这样笑着说。

"卡耐基先生，你在培训过程中也经常这样做对吗？赞美可以提升一个人的自信，使他有更强的动力。不过，对于我而言，欣赏别人并不是一种带有目的性的职业行为，虽然我是一个培训师，但是我对他人的欣赏是发自肺腑的，我对于自己喜欢的事物会非常流畅地说出赞美的话来，这已经成为一种生活习惯。而且我发现，当我告诉女儿她的蜡笔画非常新颖，告诉丈夫他挑的新领带非常有眼光，告诉下属他的工作取得了很大进步时，看到他们高兴的样子我发现自己也会变得很开心。"

莫妮卡喜欢赞美别人，那么就让我来赞美她一句吧：她看起来是一个非常快乐和有活力的女人，魅力四射。

女士们，向莫妮卡学习吧，拥有一颗欣赏他人的心，会变得非常快乐。想一想，如果你欣赏身边的人和物，会惠及多大范围呢？首先你会让自己快乐，然后你会使家人快乐，当你走进办公室的时候又会令同事快乐。

在我们心中都有一个小小的角落，期待着被认同。所以，如果你想成为一个在社交中和生活中如鱼得水的人，就学会认识身边事物的优点吧。乔治·华盛顿最喜欢别人称他为"总统阁下"；凯瑟琳女皇拒绝接受没有注明"女皇陛下"的信函；大作家雨果最热衷的就是希望有朝一日巴黎市会改名为"雨果市"。甚至连历史上最伟大的剧作家莎士比亚也千方百计地想办法为自己的家族获得一枚荣誉勋章。

在成功学里面，对人的能力进行肯定是常用的手段之一。女士们，回忆一下你们在生活中遇到的那些口才出众的人，他们是不是都善于赞美别人呢？

赞美是对别人的肯定，无论是先天的容貌还是后天的性格、谈吐、行为举止，都可以成为你夸赞别人的理由。当你用喜悦的语气称赞别人时，看看他们的神情是不是很幸福，把这份幸福送给别人的你，是不是也感到愉悦呢？

南希和男友结婚以后，日子过得很平淡，生活波澜不惊的，她也觉得有些乏味。有一天南希去参加高中同学会，当她驱车来到目的地后，就被房子周围装点的彩灯和气球吸引了，进入大门后她遇到了主办这次同学会的莉莉安和她的丈夫。莉莉安比起高中时更加美丽迷人，满脸都是幸福的光彩。莉莉安和善的丈夫宣布同学会开始，同学们高高兴兴地讨论着彼此的情况，享受着可口的自助餐。

"哦，亲爱的，你这次的果酒调得比上次进步多了。"莉莉安品尝了一下丈夫自己制作的果酒之后，热情地献上了一个吻，大家一下子笑闹了起来。南希一阵羡慕，莉莉安热情大方，她的丈夫又体贴能干，真是幸福。

"啊，你问我哪里找来这么好的丈夫？"莉莉安夸张地说着，接着她偷偷凑到南希耳边，"实话告诉你呀，我刚认识他，他可是什么都不会做，不懂得生活情趣，家务烹饪样样都要我亲自动手，他整天只会工作。"

南希很惊讶："真的吗？那他现在怎么会这么热情地做这些事情？"

莉莉安高高兴兴地把她的经验和盘托出："其实我只是在他偶尔做一些家务的时候说一些好听的，让他骄傲一下，觉得自己是个全才，慢慢地他就什么都抢着做了。比如我们享用的牛排，他第一次做的时候简直是一场灾难，那么好的牛肉被他烧成一团烂糊。但是我还是夸他：'亲爱的，牛排的味道很香啊，下次再努力一下就能吃了。"

南希恍然大悟，丈夫是自己最亲近的人，怎么能够忽视他的努力呢？不时的赞美不就是家庭生活中的增味剂吗！

莉莉安是一个善于在家庭生活中使用赞美的人，她的丈夫在她的赞美下感到自己的缺点仿佛变成了优点，从而更加有信心为家庭的幸福生活努力。而莉莉安在丈夫把事情搞砸了的时候不生气反而是提出赞美，自己也避免了发脾气。

赞美是取悦一个人的最好方法，但是如果你以此为目的的话，赞美就会变成阿谀，变成一种权术。真正能够使自己幸福的赞美应当是发自真心的，是一种看待世界的态度。在我看来，学会赞美首先是对一个人心境的改造，一个普通的人如果学会赞美身边的人，则意味着他更加珍惜身边的一切，学会了欣赏他人的努力。

所以说，会赞美的女人是幸福的女人，因为她们能够看到人与人之间的美好，她们会关注身边人的每一分努力，用充满爱的眼睛看世界。而作为一个事业心强的女人，你能否慷慨地赞美别人，显示出的是你的实力和气量。只有自信的女人才会热情地赞美别人，因为她足够自信，所以看待事物总是会往好的方面去想，对别人的进步和成绩也不会嫉妒。赞美，意味着宽广的胸怀。

女士们，称赞别人的好处，并不意味着随便说说。赞美是鉴赏术的一种，懂得鉴赏的人才会准确说出别人的优点，让人听得愉快却不腻烦。缺乏真心或是太过牵强的赞美只会使人感到别扭。真正的欣赏应当是坦然的，可以看出诚意来的。

女士们，请愉快地去赞美别人吧！当你身边的人热心地要做某件事情时，即使没有成功也要对他进行嘉许，因为他用心去做了。当你的同事打扮得美丽动人出现时，别忘了送上赞美，因为她出色了；当你的下属完成了这一阶段的工作时，要及时提出表扬，因为他努力做出成果了。

一个幸福的女人懂得如何赞美别人，她会赞美自己的家人，自己的朋友，自己的同伴，自己的下属。会赞美别人的女性，在言谈中会给别人带来阳光和温暖。

幸福箴言

赞美和欣赏，是生活中的宝贵品质，就像是盛开的花朵，当你将它送与他人时，自己也会收获一份芬芳。

尊重自重，是一种幸福双赢

蒙田曾经说过这样一句话："我们可以把我们的财物、生命转借给我们的朋友，以满足他们的需求。但是，转让尊严之名，把自己的荣誉安在他人头上，这却是罕见的。"由此可见，尊重是一种宝贵的力量，只有尊重自己的人才会活得坦然，才会得到幸福。

有人曾经说过，人与人之间的交往基础是互相尊重，你尊重对方才能得到相应的尊重，否则人际交往就会成为一团乱麻。

我听说了这样一件趣闻，对我的研究很有帮助。林奈太太在闲暇时对自己家的院子进行了整理，她种上了各式各样的花草，把院子开辟成一个小花园。到了春夏季节，林奈太太的院子里花草盛开、争奇斗艳，美丽极了。美国人都喜欢比较各家的花园，这个迷人的院子让林奈太太在社区当中感到非常骄傲。但是很快，林奈太太的烦恼就来了，她的花园遭到了破坏。

附近一些调皮的小孩发现了开满鲜花的花园，他们难掩好奇地钻进林奈太太家的花园，攀折花园里的花卉植株，随意毁坏林奈太太的园艺作品。面对这群小恶魔，林奈太太非常头疼。她曾经守在家中趁那些孩子进花园时抓住他们，狠狠地批评一顿，但是男孩们反而更加调皮了，照来不误。

后来，林奈太太想出一个好办法，改变了策略。她找到那几个调皮的孩子和他们聊天交朋友，给了他们一些糖果，并且让他们来管理这个花园。令孩子们感到更加有趣的是，林奈太太还授予了他们一个头衔——花园守护神。这些小孩子一下子变神气了，他们以林奈太太家花园的保护者自居，再也不破坏这个花园的植物了。而且，这几个认真履行"职责"的小孩在看到别人破坏这个花园的时候，还会主动上前制止那些人。林奈太太的花园从此再也没有被破坏过，她还和社区里的孩子们交上了朋友。

面对调皮的小男孩，林奈太太改变了她的做法，不是威严呵斥，而是给予这些孩子尊重，让他们感到自己是被需要的，一下子得到了心理上的满足，热情地肩负起了保护花园的责任。反之，如果林奈太太一心想着"要阻止那群讨厌鬼"，继续冷言冷语，那么她与孩子们的矛盾就会持续下去，难以解决。

女士们，在你们不小心的时候，可能就已经做出了不尊重人的事情而不自知。不要以为有些小事谈不上"不尊重人"，一个轻蔑的眼神、一句敷衍的态度都是它的具体表现。所以，女士们，当你尊重别人的人格，把他们看作是平等的对话者之后，对方也会给你相应的尊重。

我给各位一个建议：无论是家庭生活还是商务活动，尊重都是人际关系的基石。要尊重别人，就要双方平等相待，如果一个人总是高傲地昂着头看不起别人，那么他就会失去自己的大好形象；尊重别人，就不要把自己的意愿强加给别人，在你认为自己的意见非常正确的时候，对方此时也在坚信自己的是正确的。

我有一个朋友萨利成立了一家广告公司，他重金聘请了一位出色的创意人员来主管工作。萨利本人也曾经做过相关工作，因此他经常产生无穷的想法，忍不住自己动手。有一次，那位创意人员将一个文案交给他，萨利拿起笔就在文稿上左涂右改，不知不觉间就快要改成自己原来的构思了。这时他的那位创意人员表达了不满："萨利先生，您是不是不应当这样做，在方案没有制作的时候，您的笔放在哪儿？为什么到现在了却要大改我的方案？"萨利恍然大悟：下属的努力和成果应当得到尊重，而这位创意人员直爽地提出不满也是对他这个领导者的尊重。萨利诚心地向她道了歉，保证不会肆意更改她的心血了。

尊重他人的前提是自重。所谓自重，就是自己看重自己。在我看来，自重比起自信来，境界更加高远，自信是对自己的信任，而自重在很大程度上是对人格的严格要求。

我曾经和不同的人讨论过什么样的人值得去敬重？答案五花八门，有的说是能力强的人才，有的说是富有爱心的慈善人士，有的说是浴血战场的士兵……但是现在我发现，尊重一个人有时候不需要看他的职业和能力，在很多情况下，一个自重的人更加有资格赢得别人的尊重。自重是人对自我价值和尊严的肯定，它往往代表了一个人精神原则的底线。当我们斥责一个人寡廉鲜耻的时候，常常用的一句话就是"怎么不知道自重！"

自重和对他人尊重是一种修养，能够显示出一个人的素质和内涵，形成一种非凡的人格魅力。

女士们，当你在社会上打拼时，是不是希望别人尊重你呢？曾经见过很多不尊重人的现象，例如公司的面试官对求职者冷嘲热讽，谈判业务的一方咄咄逼人，这些都是不尊重别人的表现。如果你是一个过于专断的人，在现实中肯定已经得到许多不满的眼神了吧。

在我的培训班里有一位梅丽尔小姐，她是一位汽车推销员，正面临职业的烦恼。梅丽尔个性泼辣，非常喜欢和别人争论。当她在向顾客介绍汽车的时候，如果有顾客对她推销的车辆提出不满，她不是随机应变进行解释或是更改介绍更加合适的型号，而是气呼呼地跳起来和对方辩论一番。梅丽尔在这些"辩论"中获得了不少次"胜利"，但是却没有卖出过一辆汽车。而且由于她受教育程度不高，经常会因为言语不恰当而把客人气走。

"卡耐基先生，您认为我应当怎么办？我已经几个月没有业绩了，再这样下去，老板会解雇我的！"梅丽尔小姐向我这样请教。我对她说："顾客去你那里买车，是要享受你的服务，他希望得到推销员的尊重，但是你根本不重视他提的意见，只要与你意见不合你就急不可耐地顶撞回去，这种做法必须立刻改正。"我没有告诉梅丽尔如何巧言善变，而是告诉她仔细听顾客的意见，保持微笑，不再和顾客发生冲突。经过一个多月的学习之后，她终于有了改变。现在，她已经成为公司里的一位销售明星了。

我想说的是，无论外界环境变得怎样，人与人之间的尊重都是一切事业和生活的起点。各位女士，当你成长为一个有独立能力的人的时候，你每一次说出的话语都代表了社会责任，你对他人的尊重也会产生相应的影响力。不管你的地位有多高，不尊重他人也就意味着你不会被信任和尊重。

有一位出色的演讲家克里斯女士，她在国内非常有名，演讲得非常出色。因此，许多企业以及团体纷纷邀请她去演讲。克里斯经常要到各处开展演讲活动，但是有一段时间她想继续深造，没有时间去参加大量活动，于是减少了外出演讲的次数。但是很多企业以及团体不厌其烦地拜访她，即使被拒绝了仍会继续再来。也许是因为拒绝方式不当的原因，克里斯被传出了骄横无理的坏名声，有些被拒绝的人在报纸上指责克里斯自以为是，拒人于千里之外。后来，克里斯女士改变了自己的做法，再有人邀请她去演讲的时候，她会先感谢对方，然后再向对方道歉，说出自己不能参加的理由。为了不让对方失望，克里斯还会提议另一个人来代替她，让对方能够找到"替补"。就这样，克里斯虽然推掉了所有的邀请，却再也没有人因此说她的坏话了。看到克里斯女士的例子，我就猜到她之前一定是对前来邀请的人不理不睬，才导致了那些流言的产生。后来她能够想到，那些学校和团体派出了代表来诚意邀请她，自己却居高临下，实在是不应该。于是在改变作风之后，克里斯小姐也收获了好名声。

有的人会心存疑虑，怕尊重别人会显得自己很"掉价"，那么，我们翻翻近代、现代以及这几年的名人事迹，就会发现越是风云人物就越表现得彬彬有礼，无论对谁都是采取谦和可亲的态度。

在我看来，自重与尊重他人是一个人在社会中获得快乐的两大法宝，当你自重时，就拥有了强大的自尊和自信，当你尊重别人时，就会建立起良好的人际关系。

幸福箴言

看重自己，看重别人，这是对人和对人生的珍惜。只有这样，我们才会在人际交往中实现"双赢"，别人快乐，我们自己也快乐。

宽容待人，不失为一种幸福

《圣经》中说："爱你们的仇人，善待恨你们的人；诅咒你们的要为他祝福，凌辱你的，要为他祷告。"宽容者有着开阔的心胸，女士们，若是想获得心灵的完满与畅达，就用一颗宽容的心去对待别人吧！

我的侄女乔瑟芬曾经在我那里做过一段时间的秘书，她那时只有19岁，既没有上过大学，也没有任何工作经验。当她来到我的办公室担任秘书之后，就变成了一个麻烦的中心，常常会犯错误。我心里很不高兴，在我看来，她做的工作本来都是极简单的事，根本不应该犯错，但是她总是以各种理由把事情搞砸了。我因此经常严厉地批评她，但是令我更加烦闷的是，乔瑟芬在错误中吸取不了任何经验，她不断犯下同样的错误，我的批评对她毫无作用。就这样，乔瑟芬的工作一直裹足不前，每次看到我都很害怕，甚至故意躲着我。

有一天，乔瑟芬又犯了一个错误。我本来打算叫她过来批评一顿，但是我突然冷静下来，我对自己说："等一下，卡耐基。你对乔瑟芬要求太严格了，你的年纪几乎是她的两倍，做事经验是她的好几倍，怎么能够要求她和你做的一样好呢？更何况你自己也不是很出色啊！说不定在你19岁的时候，水平还不如乔瑟芬呢！"

在自我反思之后，我决定对乔瑟芬宽容一些。半小时后，我叫来了乔瑟芬，但是这次不是批评，我温和地对她说："乔瑟芬，我刚才想了一下，你现在才19岁，能做到现在的水平已经相当不错了，以前我未必能像你这样能干呢。不过你毕竟年轻，难免会犯下一些错误。我的年纪比你大，经验也比你更丰富一些，你愿意接受我的工作建议吗？"不再挨训的乔瑟芬喜出望外，她兴致勃勃地听取了我的指导意见。从那以后，乔瑟芬进步飞快，再没有犯过同样的错误。

宽容地对待周围的事物是一种非凡的气度，它代表了宽广的胸襟，是衡量一个人气质涵养、道德水准的尺度。女士们，无论你是做一个成功的职业人士，还是以女人的特定身份让自己幸福，都要有一颗宽容的心灵。

女士们，当你看到别人把事情搞砸的时候，是不是想狠狠地批评对方一顿呢？的确，一些人在犯错误的时候需要通过批评才能得到教训，不过，这样做的话，训人的和被训的都会一肚子火气，心情变差。在我看来，宽容在实际生活中同样能够起到教育人的作用。对别人宽容就要容忍别人犯的一些小错误。曾经有一次，一个学员向我说起他的经理。那天他出门联络业务，不慎把公文包丢在出租车上，他慌张地到处寻找也没有找回来。那个丢失的包里有不少单据，还有一枚公司印章。这个学员很内疚，他怀着紧张的心情告诉了经理原委，等待一场暴风雨般的训斥。但是经理却没有暴跳如雷，反而安慰他说："没关系，丢了就丢了，我们想办法再补齐就行了。你的工作一向出色，就当公司这次奖励你，给你买个新包吧。"

听了他的故事，我不由地替他欣慰，对他说他很幸运遇到了一个宽容的上司。这位经理面对已经出现的失误没有感情用事，而是宽容地对待犯错的业务员，使业务员心存感激。这位业务员以后肯定会更加谨慎。比起粗暴的大骂一顿，经理的宽容就像春风化雨一样把事情处理得非常好。

宽以待人是对对方的一种尊重、一种接受、一种爱心，有时候宽容更是一种宝贵的力量。当你被别人无意伤害时，心中一定会产生不满甚至激动难以控制，这个时候，宽容心可以让人停止愤怒，在心中化解负面情绪，摆脱阴影，使自己变得快乐起来。

女士们，是不是曾经有过这样的困惑：我对别人宽容，容忍别人的缺陷和错误，那不就是我自己受委屈了吗？其实不然，宽容的人自然有她非凡的胸襟，不会为了琐事就心中压抑，而且宽容对待别人，别人也才会宽容对待你。

我曾经有过一个观点：想拥有平和舒心的生活就不要过于苛求完美，完美主义者通常都斤斤计较、过于敏感，与其活得那么累，不如做一个宽容的人，让自己愉快地接受眼前所拥有的一切。

在我的培训班里，有一位斯威夫特夫人，她的性格过于追求完美，但是丈夫却有很多缺点，因此她对自己目前的婚姻生活感到厌烦。

斯威夫特夫人对我说："卡耐基先生，我不明白为什么生活这样的令人烦恼，我的丈夫总是惹我生气。我想让他把烟戒掉，说了很多次他都办不到。而且，他还总是把家里弄得乱糟糟的，让我不得不一再整理。他的行事作风总是那么散漫，不喜欢穿西装，天天像是去看球赛一样随便套件衣服就出门，当他走在外面时，哪里像一个公司经理的样子！"

我听了这位夫人的烦恼，大概明白了她的问题，"听你这么说，你的丈夫是一无是处的了，那他怎么会吸引你的呢？既然他性格很散漫，为什么还会被提拔，他的工作难道非常容易应付吗？"

"哦，当然不是，他也有不少优点的。"

"那么，你能给我讲一下你丈夫的优点吗？"我开始引导她。

斯威夫特夫人开始回忆："他那个人比较随和，笑起来让人很舒服，在我们社区里人缘很好。而且他的工作能力很强，总是能在公司里提出绝妙的主意。"

"既然你对自己的丈夫很欣赏，那么为何不包容他的这些小缺点呢？我听到你说的那些烦恼其实并不是很严重，与其为他这些小缺点伤神，让自己变得越来越难过，不如对他宽容一些。"

后来，斯威夫特夫人告诉我，当她开始忽视丈夫的缺点时，觉得丈夫越来越可爱了，他平时的便装打扮也成为他思想活跃的表现。至于吸烟问题，斯威夫特夫人说这关系到健康，不过可以循序渐进着来，她不再那么紧迫地盯着丈夫了。

吉恩·纳杉说过这么一句话："我从经验里发现，爱情和整理完好的家务常常是无法并存的。"他开玩笑着说，过于井井有条、权责分明的家庭生活反而十分冰冷，只有那些彼此妥协、包容对方缺点的婚姻才会延续很久。你看，斯威夫特夫人对自己的丈夫宽容之后，心情变得好了很多。如果她一直抓住那些缺陷不放，就会变得越来越焦虑，婚姻生活甚至会出现危机。而宽容，扭转了这种危机局面。

对别人宽容，要能够容纳别人不同的思路和想法，在世界上，每个人都是一个独立的个体，思考问题、处理事情所采用的方式也不同，当我们与别人出现分歧的时候，应该互相包容和体谅。女士们，当你放下心中的不服，用宽容待人，很快你就会发现这份宽容激发了别人的响应。

在纽约的时尚先锋杂志社里，主编约翰尼斯女士每天都要替手下的两个大将收拾烂摊子。文森特是资深的摄影师，拿过多次摄影大奖，但是为人挑剔，总是对摄影场地和模特儿挑三拣四，而且非常固执，在选择照片上总是坚持自己的看法，频频和主编意见不合。另外一个让全杂志社头疼的古斯塔，他资历丰富，在新闻界、时尚界人脉广博，潮流嗅觉十分敏锐，但是他也不是一个好管理的人，屡次在选题上和主编叫板，甚至嘲笑选题太老土，自己不干了。

这两个人在杂志社都是让人又气又没办法的人，但是约翰尼斯却如同妈妈般包容了两个人，除了在工作上会激烈争论以外，约翰尼斯几乎从来不对这两个人生气。杂志社的人经常看到古斯塔上一个小时还在主编室吵得不休，不到一会儿，约翰尼斯女士就面色如常地出来邀请他一起去吃午饭。

文森特和古斯塔虽然性格顽劣，却很尊敬这个比他们大二十岁、精明中又带有风趣的女主编："约翰尼斯夫人是少有的能包容我们的主编，以前我就职的公司主管就因为我的毛病处处针对我，倒是约翰尼斯夫人比那些男人还大度，我跟她吵了好几次，她却照样用我的意见，从来不会记仇。"

　　而约翰尼斯女士是怎么想的呢？她说："做时尚杂志工作节奏快、变数大，如果我还要和人斤斤计较，那我岂不是要被累死、烦死，所以能够睁一只眼闭一只眼的事情我就不再计较了。何况文森特和古斯塔都是人才，关于工作我从来不拒绝不同意见，我们非常需要创意和新鲜资讯，否则我们的杂志就会越来越呆板了。每天和他们吵吵闹闹，就像面对活泼的孩子们一样，我也变得活力十足呢！"

　　约翰尼斯女士的宽容不仅为杂志社留下了两个人才，使杂志社一直保持活力，而她自己也避免了心力交瘁的局面，安然享受工作的乐趣。

　　曾经有人对我说，所谓宽容就是用一种正常的态度去应对不正常的事情，无论是失误，还是伤害、缺陷，只有把自己变得平静，用一颗不计较的心去应对，才能得到温暖。

幸福箴言

　　在人的一生中会拥有很多的财富，其中一种叫作宽容。宽容是一种伟大的力量，它可以使人放下仇怨，看淡过失与差错，把生活变得更加美好。与其小肚鸡肠，不如做个宽容的人，那样，你会更加幸福。

微笑柔美，生活风雨也灿烂

无论何时何地，当你看到眼前人露出春风般的一笑时，就会感到一种温暖人心的力量充满了全身。女士们，请多微笑吧。它具有强大的力量，能像彩色的画笔一样涂掉生活的阴霾，绘制出美丽的人生画卷。

有一段时间，我收到朋友的邀请去巴黎小住了几天。既然到了这座古老的艺术城市，就不能不去看那些享誉世界的艺术珍品。我参观了卢浮宫，见识到了丰富的馆藏艺术品，每一件都价值连城，令参观者赞叹不已。在这些艺术品当中，我被达·芬奇的名作《蒙娜丽莎的微笑》吸引了。

《蒙娜丽莎的微笑》是世界顶级艺术品，由达·芬奇创作，绘出了一位端庄优雅的贵族女子的形象。达·芬奇在创作它时，把线条和光线处理得略有模糊，给人非常梦幻的感觉。数百年来，人们对于蒙娜丽莎的魅力进行了无数的探究。其中，最令人沉迷的就是蒙娜丽莎露出的微笑。

画上的蒙娜丽莎并不是一个倾国倾城的美女，按现在的眼光来看只能称得上相貌端庄，但是她眉眼和嘴角展露出来的微微笑意却倾倒众生。那抹若隐若现的笑容安详而恬静，令人不由自主地凝望她。

女士们，或许你的笑容不像蒙娜丽莎那样神秘，但是仍然具有无穷的魅力。女性的微笑是世界上令人感到安详的力量之一。拥有这项美好能力的女士们请更好地去运用它，为自己、为别人营造出温暖的生活氛围。作为一个职业女性，无论你的工作是在办公室里处理文件、做决策还是直接面对顾客，保持微笑都会感染身边的人，使工作场合中充满了快乐的氛围，大家的工作劲头也会节节攀升。作为女儿、女友、妻子、母亲，女性更加应该微笑，用自己的微笑向亲人传达出"我很好，很幸福"的讯号，使人安心，催人上进。即使是在困境当中，一个微笑的人能够感受到的苦难也比一个哭丧着脸的人要少得多，因为，这份笑容从脸上渗透到了心里，让人充满了信心和斗志。

一个经常微笑的人会有无穷的干劲去打拼，绝不肯在挫折面前低头，尽管有一时的失意，却不会动摇他继续努力的决心。微笑是自信和热情的体现，当你微笑时，没有什么可以阻止你前进的步伐。

在纽约有一位保险推销员，他的学历不高，口才也一般，在最初从事这一行业的时候遇到了很多困难，在开始的几个月里他没有为公司拿到一份订单，也因此没有薪水可拿，他的生活越来越窘迫。

这个推销员每天要为自己的衣食奔波，连租房的钱都没有。但是他无论生活多么困顿，都没有忘记在出门后用微笑面对见到的每一个人。虽然他衣着寒酸，但是他的笑容非常自然爽朗，把乐观传递给每个见到他微笑的人。

有一天，推销员到了一家大公司向这里的总经理推销保险业务，虽然他做好了又一次失败的准备，但是他仍然微笑着走进总经理的办公室为对方介绍保险种类。半个小时之后，总经理欣然和他签了约，成为他的第一个大客户。总经理说："虽然你看上去并不是很出色，但是你的微笑让我感觉到了你的乐观和诚意，我想把这份合同交给你是没有错的。"

推销员终于挣到了自己入行以来的第一笔钱。在以后的日子里，他仍然贯彻着自己的微笑对人的态度，不断进步，做成了很多笔生意，他本人获得了几百万美元的财富。而他的微笑也成为成功推销员的代名词，人们把他的微笑称为"最自信的微笑"。

女士们，现在如果带你去见两个人，一个人对你满面冰霜、横眉冷对；另一个人对你面带笑容，温暖如春，你更加愿意与哪一位对话？答案毫无疑问是后者，微笑的人给人带来亲切感，让人感觉到诚意和良好的素养。微笑是一种无声的行动，它在人未开口的时候就已经传达出了乐于交往的信号。而如果缺少笑容，即使你再有才华也会有拒人于千里之外的疏离感，魅力和朋友都会减少，甚至因此失去很多机会。

大卫是一家规模不小的公司的总裁，他是一个各方面条件都非常出众的人。他正当盛年，精力充沛、头脑清楚，意志力坚强，有着超越自我和对手的决心和毅力。他总是能够雷厉风行地决策出下一步的工作计划，最后事实都证明他成功地找对了市场方向。他思维敏捷，讲话条理清晰，并且总是一针见血。熟悉他的人都认为，他是一位风度翩翩同时又很有作为的人，都为有这个朋友而高兴。

然而，就是这样一位富有朝气的人，却常常受到负面评价，在人缘方面不太理想，这是怎么回事呢？我和他相识之后，经过一些观察终于发现了其中的原因。导致大卫不太受欢迎的原因应该是他给人的第一印象不好。

大卫这个人很不爱笑，他总是一脸严肃地出现在众人面前，即使是在休闲场合也是这样。第一次见到大卫的人只会留意到他冷峻的脸和咬紧的牙关，看上去仿佛很不高兴。陌生人见到大卫的冷脸都不太愿意和他接近，一些女士也离他很远。

实际上，大卫本人是一个非常有魄力同时又很和善的人，但是他的冷面孔吓退了想要和他交朋友的人。

虽然这是一位男士的例子，但是女人也是如此。想象一下，当一个女老板或是女职员面无表情地出现在办公室时，大家的心都会"咚"一下子提起来，猜测着：她今天是怎么了？哪里不高兴了？会不会迁怒到我身上？不会微笑的人就是如此，常常带来不必要的困扰。

微笑的力量是很大的，这就是为什么许多行业的人要求员工一定要保持微笑面对客户。不过，如果把商业味道去掉，只是单纯地为了自己，那么女士们，你们更加应该微笑。当你生活幸福、工作顺利、恋爱成功的时候要微笑，当你境遇不佳，总是倒霉的时候同样要微笑，因为苦着一张脸对改善环境毫无用处。

当一个人脸上写满"苦大仇深"时，周围的人会自然感受到那股不愉快的气场而远离你，导致你的处境雪上加霜。

微笑会给人带来幸福，只有心中有阳光的人才会发自真心的露出微笑。

女士们，面对生活，请微笑吧！生活就是一面镜子，我们站在镜子面前，当我们哭泣时，生活就会哭泣，当我们微笑时，生活也在微笑。所以，人在微笑着面对生活时，生活也会报以幸福和快乐。

有一个叫作苏菲的女孩，她是一家小公司的普通职员，当金融危机又一次向美国袭来时，市场开始动荡不安，许多公司破产，残存的也开始削减开支。苏菲不幸地成为公司裁员名单中的一员。

苏菲失业以后，家里的收入一下子减少了一大半。为了节省开支，她开始节衣缩食，不买一件新衣服。但是苏菲没有沮丧，她在心里说：一切都会好起来的，我马上就会找到一份新工作，生活会重新变得正常起来。苏菲如同往常上班一样，每天按时出门，微笑着向自己的邻居打招呼。那明媚的笑容使邻居在很长时间里都不相信苏菲失业了。苏菲不断地找工作，她微笑着递出一份又一份求职书，虽然大多石沉大海，有的公司更是直接拒绝，但是她神色不变地道谢，从不露出沮丧的表情。

有一天，苏菲终于收到了一家公司的面试通知，她来到面试办公室，微笑着回答对方的每一个问题，最终面试官决定录用她，他们说："这个女孩虽然资历平平，却给人一种非常自信的感觉，看到她的微笑，我们就感到她将来一定能够成为公司里杰出的一员。"

后来，苏菲如愿以偿地留在了这家公司，生活最终向她露出了微笑。

苏菲的经历告诉我们：微笑是一种生活的态度，与幸不幸运没有关系，却与乐观悲观有关。乐观的人即使生活窘迫，陷入泥沼，他们的脸上依然可以出现舒心的微笑，仿佛苦难从没有发生过一样。

我曾经在培训班里向学员们建议对同事保持微笑，后来一名学员谈了他保持微笑后的感触："在我坚持对同事微笑之后，大家先是迷惑不解，后来就逐渐赞许喜悦。在我保持微笑的这几个月里，我的工作比以往的几年都要快乐，大家无不喜欢和我交流，就连办公室一些冷漠的人见到我也会友好起来，现在办公室的氛围已经变化了不少，大家待人都很亲切。"无论在哪里，微笑的力量都是惊人的，它可以使你减少很多人际交往中的麻烦，树立起一个充满爱心、待人真诚的形象。

女性的微笑具有天使的光芒。有人说女性的笑容天生带有使人安心的魔力，它不同于朗笑、娇笑、冷笑，那种最淡雅的微笑恰恰是最有力量的。女士们，当你微笑着面对自己的家人、爱人时，就会给他们带来生活中的暖色调，使生活更加美满。当你微笑着面对客户或是陌生人时，他们感受到的是诚意和自信，更加愿意与你交流。当你微笑着帮助有困难的人的时候，他们会相信生活还是有希望的，会重新燃起希望。

幸福箴言

微笑是女人最美的一面，一个普通的女性拥有灿烂的笑容之后，也会变得很迷人。想要生活得更加幸福，就尽情地微笑吧！

控制欲望，生活反而更精彩

欲望有很多种，对成功的渴望使人不断奋进，向目标前进，这样的欲望是我经常向学员们灌输的。但是在这里，我想告诉女士们，控制自己的欲望也会带来幸福感。

"我觉得自己不幸福，周围的人不是比我有钱就是比我开心。""同样是投身商海，某某的丈夫已经成为百万富翁，你却依然是个小老板。""为什么他不愿意满足我的要求，我觉得自己应该得到最好的享受。"说这些话的人有个共同的特点，就是都对生活很失望，她们失望的根源很多时候不是来自于生活本身，而是来自她们不断膨胀的欲望。

有一天，我遇到了一位女性朋友玛丽，她对我说："卡耐基，我听说你为很多人解决了难题，我现在很不快乐，你可以帮助我一下吗？"

我询问了她的现状，问她为什么而烦恼。玛丽说，她的丈夫毫无上进心，她并不渴望什么奢侈富贵的生活，但是她希望自己的丈夫能出人头地，在事业上有更好的发展。同时，她说她的孩子也很不争气，每次考试的成绩都不能符合她的要求。

我听了她的话，觉得她的烦恼有一定的道理，为了进一步确认，我问她："你的丈夫现在做到了什么职位？"玛丽回答我说："他现在是一个部门的主管。"我不禁有些困惑，能够做到主管已经很不错了，为什么玛丽会这么不满呢，她却回答："我怎么可能满意呢？主管还远远不够，以他的实力完全可以胜任经理、总经理，可他却不愿意去尝试，也不愿为此努力。"我又问了玛丽的孩子成绩如何，得知他在校园体育社团活跃的情况下，还可以拿到B以上，于是我说："按他的年纪，能够取得这样的成绩已经不错了。"玛丽却说："怎么能够呢？为什么他不能再拼一把，拿到A或者A+呢？"

通过这番谈话，我明白了，我告诉她："我知道为什么你会不快乐了，因为你太贪婪了。"玛丽听到之后大声反对，"你怎么能这样说我！我结婚十几年来都没有换过大房子，也没有买过什么奢侈品，我从来没有为缺少什么东西向丈夫抱怨过，怎么能说我贪婪呢？"

我回答她："贪婪不一定是在物质享乐上，虽然你对普通生活没有怨言，却在荣誉、地位、虚荣方面充满了急切的渴望，当现实与你的期望不符时，你就会感到痛苦了。其实仔细想一想，你的丈夫和儿子都十分善解人意，这难道不是非常幸运吗？"听了我的话，玛丽明白了她的症结所在，在我的建议下逐渐改善自己的心境，慢慢地，她整个人看起来也快乐多了。

在我的培训班里不仅有迫切希望提高自己能力的职业工作者，还有希望在这里排解忧郁的人士。其中有很多富有的女士，她们都说自己不快乐。通过一段时间的观察，我发现这些"贵妇人"有着共同的缺点，她们对于物质的追求过于热烈，稍微有些不满足就感到烦闷不安。她们总是对珠宝首饰、名贵服饰充满了渴望，全都对购物情有独钟。虽然她们都很富有，却都不满足，总是要求多些，再多些，我曾经听过这样的声音："我的首饰与珠宝完全可以再多一些，貂皮的款式也不应只有那么几种。""我的丈夫只有那么几栋别墅，我还想在贝弗利山庄附近新建一座呢。""庭院那么小，如果市政公园是私人的该多棒。"她们不断涌出的欲望使得她们时时刻刻处在焦虑当中，一旦得不到满足，就会变得歇斯底里，甚至精神崩溃。

艾琳娜是一位出生在富人家庭的女性，她热爱挥霍，经常外出购物。结婚之后，她希望能够得到女王般的享受。然而时间不长，她就陷入了苦恼当中。艾琳娜的丈夫是一个富有的商人，但是很看不惯妻子的挥霍，他说："你只有一个人，哪里用得了那么多的珠宝首饰？那些貂皮大衣只穿一次就扔掉你不觉得太浪费了吗？"艾琳娜不管不顾，反而对丈夫产生了不满，在她的心目中，自己这样"完美高贵"的女人就是应该被那些名贵的物品环绕。

艾琳娜曾经向人抱怨自己的丈夫："我本来以为他很有钱，没想到这么吝啬！一个漂亮的女人本就该得到无数的珠宝来陪衬。我渴望那些珠宝，可是那个吝啬鬼却总是嫌我买得多。我喜欢那些漂亮名贵的貂皮大衣，虽然家里有很多件了，但那些已经是去年的款式了，难道我不应该再买几件吗？"艾琳娜任性的购物欲望最终不能被丈夫满足，夫妻感情越来越淡，最终，万念俱灰的艾琳娜服毒自杀了。

这位女性的故事反映了欲望过于疯狂带来的悲剧。在我看来，欲望是一种很正常的心理现象，它促使人类不断地进步。但是如果不能控制自己的各种欲望，只会越陷越深，在痛苦懊恼中无法自拔。

我曾经在讲课时说过，人的一生中可能会遇到很多陷阱，其中最可怕的恰恰是自己挖的，那就是难以自制的欲望。当人们沉迷于自己的欲望时，就会忘记健康、忘记道德、忘记梦想，被腐化的生活遮住双眼，最终落入陷阱。欲望有的是物质方面的，有的是精神方面的。如果不能对自己的欲望进行克制，就难以把握到自己真正的快乐，生活也会变得混乱不堪，被欲望侵蚀掉了幸福。

女士们，你们是否曾经被各种各样的欲望纠缠呢？有些人可能迷惑不解：我觉得自己生活挺平常的，应该没有吧？

真的没有吗？对于金钱、权力、恋情、地位、名望等你是不是曾经迫切地想要获得，因此产生了焦灼感呢？在现实中，对于欲望的控制从小的方面讲，是每天准时起床，从大一点的方面说，就是控制不良欲望，维护道德与人格。

人最难战胜的是自己。对于女性，这一点也是同样。女士们，在控制欲望时你们和男性是一样的。如果不能控制欲望，就会被欲望控制，快乐和幸福也就离你而去。

安娜·奎恩是一个小公司的打字员，她虽然收入不高，却喜欢打扮得漂漂亮亮的。在她22岁的时候，一个同事向她求了婚，安娜考虑到结婚就可以得到比较可靠的生活保障，而且有人对她百依百顺，就答应了对方。安娜的丈夫出身小康之家，虽然不能说是非常富足，生活却也算安稳。但是渐渐地安娜开始厌烦，她感到丈夫很没有情趣，不懂得讨好她，而且财产不多，根本不能满足她改变穷酸生活的愿望，她自认为只是买了几件奢侈品就被丈夫批评，这样的生活太让人伤心了。就在这时，花花公子约瑟夫出现了，这个人是安娜丈夫公司老板的儿子，善于调情，总是为女伴花大把的金钱，安娜很快就被约瑟夫的"柔情"吸引，她认为这样爱自己的男人才是最配自己的。尽管自己是个有夫之妇，安娜却没有控制住自己想被宠爱的欲望和约瑟夫走在了一起，背叛了丈夫。她心里想着："我只是一个渴望爱情的女人而已，有人这么爱我，我为什么不能回应呢？"

好景不长，安娜的事情曝光了，丈夫愤怒地和她离了婚，约瑟夫也找到了新欢，安娜只好带着不好的名声回到了原来的生活当中。安娜的欲望既有对物质的渴望，又有对激情的期待，她在欲望的驱动下，看不清楚家庭生活的温暖，一头栽入了一个不可靠的人怀中，最终自食苦果。

女士们，当你看到各种精美的首饰和服装时，心中产生想要却不可得的挣扎时，物质之欲的爪牙已经将你抓住，令你平静的日常生活起了波澜。当你在为是否周旋于多位男性之间而心动时，你已经被情欲冲昏了头。当你对于一些看起来有些危险却很"刺激"的娱乐方式产生兴趣时，玩乐放纵的欲望开始令你沉沦。

可能有人会说，我有钱有时间为什么不可以放纵一下自己，可是女士们，并不是所有人都是富可敌国的财阀，再多的财富也满足不了贪婪的胃口，只有做一个能够充分掌控自己的人，你才有足够的力量获得幸福。过于膨胀的欲望往往是因为心灵空虚，所以，女士们，去做些有意义的事情吧，当你为一件有意义的事情忙碌时，那些无趣的欲望也就离你而去了。

幸福箴言

能够克制住自己欲望的女人是坚强的女人，也是知足的女人，当别人因为不满足而痛苦的时候，你却已经非常坦然了。

调理情绪，理性女人更美丽

坏情绪如同一种可怕的细菌，在这种细菌的影响下，人们往往会做出错误的，乃至极端的选择。

现实中有很多人非常情绪化，遇到事情之后很容易被情绪左右，要么变得很冲动，要么变得很压抑。尤其是女性，当我们看到一个女性因为烦恼或是悲伤而发狂的时候，谁都不会愉快。

有一天，我的培训班来了一位女士向我咨询，她看起来愁容满面，非常痛苦。她一见到我就说："卡耐基先生，请你帮助我，我真的是太痛苦了。我的情绪总是很暴躁，经常因为一些鸡毛蒜皮的小事就大吵大闹。我知道自己不对，可就是控制不了自己的情绪，无论什么场合我都是动不动就发狂，造成很难堪的局面——这样说自己真是痛苦，可是现在没有人愿意和我说话，也没有男士追求我。难道我不漂亮吗？为什么大家都躲着我？"

我想了想说："你是一个很有魅力的女士，但是周围的人都被你歇斯底里的情绪化举动吓到了，他们不敢承受身边人不时爆发的怒火，所以只好避开你。这位女士，如果你能够控制一下自己的情绪，可能就不会再发生这样的事，你的生活也会快乐很多。"

在现实中，我曾经遇到过不少像这位女士一样的女性，她们总是很烦恼，因为摆脱不了自己的坏情绪，她们的朋友很少，工作也经常出乱子。

有人说女性是天生的情绪化动物，虽然女性自己会反驳，不过它在一定程度上也能说明问题。女人比男人更加感性和细心，对一些事情非常容易产生强烈的情绪，结果可想而知，心情和生活都被扰乱了。所以我认为，能够控制不良情绪是女性平和生活的开端。

女性是非常容易冲动的，这个结论有心理学和生理学的理论支撑。一些女性非常容易产生负面情绪，对于别人来说很平常的小事被她们遇到之后就会酿成风暴，坏脾气毫无征兆地就发作出来。这样的情绪冲动被人们形象地称为"飓风过境"。

每一个卷起飓风的女人在心中其实并不想这么做，因为那不仅造成自己心里的不舒服，还损害了个人形象，对人际交往也不利。一个女人不管她多么漂亮，在她暴躁如雷的时候也是没有任何好形象可言的。一个不能控制情绪的女人如同身上长满尖刺一样，随时可能刺向别人。

　　在事业上，一个女性如果太放任情绪，不仅会让自己痛苦，也会造成事业上的受挫。试想一下这个情景：公司的职员们出了一些失误导致工作没有如期完成，女上司勃然大怒，将犯错的职员一个个叫到办公室大骂一顿，大家心里惴惴不安，挨完骂的人灰头土脸，在办公室外面等的人心惊胆战，一番折腾下来，至少有一周的时间办公室内都会笼罩着压抑的气氛。这样的情景很熟悉吧？其实在现实中，很多人就经历过这样的情况。无论是女上司还是普通的女性职员，在做出情绪化举动的时候都会给人带来不快，自己也会惹来麻烦。

　　茱莉亚是一家广告公司的高级职员，她思维敏捷、办事利落，能力之强是公司里上上下下公认的。她性格直爽，对公司的人都十分坦诚，这一点没有什么，但是她有一个缺点，就是不分场合和人物，说话太过直白，有时还非常冲

动，口不择言。

有一次，茉莉亚的部门主管被提升到了分区当经理，主管的位置空了出来，作为一个资深职员，茉莉亚认为自己一定能升职。但是过了几天，公司却宣布任命另外一个女同事做主管。茉莉亚心里非常不服，认为上司一定是和这个女职员有暧昧关系，平时总是照顾她，这次又提拔了那个人。茉莉亚越想越生气：我凭自己的能力做工作，怎么能受你的管制呢！她气冲冲地去和经理要个说法，在办公室她义愤填膺地和经理理论，还说了很多自己的猜测，让经理很下不来台。经理最后找了一些理由阻止茉莉亚继续追问，后来也不再重用她了。茉莉亚指责那位女同事的话传出去之后，大家觉得茉莉亚小肚鸡肠，慢慢地也不和她接近了。

因为这次情绪爆发，茉莉亚一下子损失了很多，她委屈极了。连续一个月的时间都闷闷不乐，看到她死气沉沉的样子，就连几个平级但是年纪比她大的老同事也忍不住对她说："茉莉亚，拜托你不要将这么沉闷的情绪带到办公室来好吗，我们可是讲究激情和创意的公司，怎么能这个样子工作！"连续被批评，茉莉亚顿时不知道该怎么办才好。

茉莉亚对于自己的能力足够自信，但是她的性格过于外露，心里不舒服就爆发出来，丝毫不考虑后果。结果如何，大家也看到了。在一般的公司和团体里，大家需要的人才是办事能力强又沉着冷静的，谁会喜欢和太冲动的人一起工作呢。茉莉亚先是用怒火惹恼了上司，又用低沉情绪造成了同事的不满。这些都是太过情绪化的恶果。女士们，当你们在工作中出现了与茱莉亚相似的情况时，你们要控制好自己的情绪，把注意力集中到工作当中，否则，恶劣的情绪就会干扰到你们的工作和事业。

我希望女士们在生活中不管是面对爱情、事业还是家庭、友谊，都要控制好自己的情绪。因为一个有魅力的女性，首先应当有一定的理性。

有的人说，女性的一部分魅力来自于她们的感性，对世间事物的感性认知使她们更加可爱和诗意。但是我认为，女性的理性思维同样具有魅力，一个善于用理性控制好自己情绪和行为的女人，对于伙伴和爱人来说都是值得信赖的对象。

爱丽丝是纽约一个普通家庭的女儿，但是她有机会认识了现在的丈夫并且相爱结婚，成为了人人羡慕的阔太太。但是在爱丽丝看来，自己喜欢的并不是财富，而是丈夫的魅力。她的丈夫比尔是一家公司的老板，有事业心、工作能力突出、为人和蔼且富有绅士风度，爱丽丝总是为自己能与丈夫相遇而感到庆幸。

但是，当丈夫身边出现了一位年轻漂亮的女秘书之后，爱丽丝的心里开始变得不平衡了。她曾经因为一些事情去过公司，看到比尔和他的女秘书说笑，她的心里就翻腾着一股醋意。比尔的女秘书十分能干，办事能力强，口才好，很快就成为了比尔的左膀右臂。最令爱丽丝心里不舒服的是比尔还告诉她一件事：在一次与其他公司竞争失败时，这位女秘书曾经非常善解人意地安慰比尔。

爱丽丝的嫉妒火焰熊熊燃烧起来，在几次遇到那位女秘书的时候她都冷嘲热讽。比尔看到她这样，就劝她不要针对自己的秘书。"爱丽丝，玛雅哪里做得不对你要这样针对她呢，她是我的秘书，不是保姆，你没有资格每天使唤她去办这办那。"爱丽丝一听就很不高兴，正当她打算指着比尔的鼻子大发脾气的时候，她突然打了一个冷战——不行，我不能成为一个泼妇!

爱丽丝谨慎地思考起来：比尔的女秘书理所应当地维护自己的老板，如果自己拿捕风捉影的事情大吵大闹，那不就和她以往厌恶的那种女人一样了。于是，爱丽丝放松了紧张的情绪，答应丈夫自己不再找茬。之后，爱丽丝对自己一直不安的情绪采取了另外的方法处理，她开始对丈夫更加体贴，还在社会团体中兼职，把自己有理想追求的一面展现给丈夫。两个人的感情更加好了。

爱丽丝差点因为情绪波动而和丈夫吵起来，如果她真的放纵自己的愤怒，恐怕原本恩爱的两个人真的会闹翻，还好她及时用理性控制了自己，最终使家庭关系得以继续快乐下去。

女士们，或许你觉得控制自己的情绪很困难，但是只要站在旁观者的角度去看情绪化的自己，就会发觉那种形象很不堪。亚里士多德说过："如果女士们动不动就暴怒、咆哮、大声叫骂……那么，别人只会把你看成一个低俗、没有教养的女人。"所以，为了保持自己的魅力和生活幸福，请控制好自己的情绪。

　　在生活中，女性经常会因为一些事情被不良情绪缠绕，那些悲痛、焦虑、愤怒、困惑的感觉令人非常难受，甚至失去生活的乐趣，这个时候，女性应当怎么控制好情绪呢？我的建议是不妨想想其他美好的事情，分散自己对敏感事情的注意力，或是去找一两个知心朋友倾诉，一个人想不通的可以找大家一起想，说不定就豁然开朗了。如果一位女性悲伤得难以自拔的话，可以选择痛哭来疗伤。心理学家发现，痛哭可以有效地缓解压力，而医学研究也发现，眼泪可以排出身体里的毒素。所以，女士们，当你被一些可恨的情绪压得难过时，就痛痛快快地大哭一场吧，要是不好意思的话可以躲在一边哭。没有什么丢脸的。

幸福箴言

　　女人因为知性而典雅，因为理性而成熟，当你成功地控制好不良情绪时，会发现自己的生活变得越来越轻松。人要学会支配情绪、控制情绪，而不是被情绪支配、控制，想成为一个生活中的强者，就要善于规划自己的心情"晴雨表"。

逝者已逝，把握当下最重要

　　我们生命中的重要时刻，我想不是过去，也不是未来，而是现在。过去和未来对我们每个人来说在空间上都只不过是一个时间概念而已，我们要相信当下每一时刻发生在自己身上的事情都是最好的，也要明了我们的生命都是以最好的方式展开的。因为我们能把握的、能感受的，就只有当下，所以，我们要好好地把握当下。

　　那是午后一个美妙的时刻，在一家咖啡馆的门前，美丽的爱丽丝邂逅了充满绅士风度的哲学家杰克，一瞬间，爱丽丝就这样爱上了这位风度翩翩的哲学家。

　　爱丽丝等了许久，想再次遇到那天在咖啡馆门前见到的那个人，可是她等了好久，都没有再遇到他。后来，爱丽丝几经周折，打听到了杰克的地址。爱丽丝来到杰克的门口告诉他："先生，自从那天我们在咖啡馆门前相遇，我就对你一见钟情，我真的好想嫁给你，如果你娶了我，我相信你将会是世界上最幸福的人。如果你不愿意娶我，我想就再也没有一个会像我这么爱你的人了。"

因为杰克是一个哲学家，遇到这样突如其来的事情，他总是要好好地想一番。"对不起，你让我再考虑一下吧。"他回答说。

爱丽丝没想到自己的意中人会这样的对待自己，她不明白到底是他不喜欢她，还是他已经结婚了？就这样在等待的过程中，爱丽丝渐渐地对杰克失去了信心。不久之后，她便嫁人了。

在爱丽丝走了之后，杰克就开始用他惯有的哲学思维来考虑这件事情到底该怎么解决？等到他最后衡量好其实结婚或不结婚对他根本就没有多大的影响时，他决定去爱丽丝的家里向她求婚。

他找到了爱丽丝的家，推开门，发现爱丽丝的父亲坐在屋里。杰克惴惴不安，对爱丽丝的父亲说："先生，你好，我想好了，我现在可以娶你的女儿了。"

听完杰克的话之后，他们面面相觑，爱丽丝的父亲说："对不起，先生，你来晚了，我女儿现在已经是三个孩子的母亲了。"听了爱丽丝父亲的话之后，杰克顿时心生凉意，"对不起，可以送我一张你女儿的照片吗？"杰克志忑地问道。爱丽丝的父亲送给他一张爱丽丝没有结婚之前的照片。

杰克拿着爱丽丝的照片，迈着沉重的步伐离开了爱丽丝的家。没过多久，这位年轻的哲学家便郁郁而终，临死前他把自己毕生精力写出的著作，全部都焚毁了。在收拾他的遗物中，只看见他在爱丽丝的照片上写了几句话："莫要先前犹豫，过后后悔，珍惜眼前，把握当下。"

有一句俗话叫作"走过路过，不要错过。"我想，其实我们每个人在过往的经历中，总是会在不经意间，错过一些自己不曾看重的人和事。也许并不是我们不珍惜，只是我们当时总是思前想后，犹豫再三，不能抓住当下的幸福，所以我们的生活中总是有人在不停地感叹和抱怨"为什么世上没有后悔药呢？"

生活中总是有太多的无奈和遗憾，然而过去的事总是会成为过去，我们不管怎么留恋它都不会成为现在，我们唯一能做的就是好好地珍惜现在，把握好当下，不要让自己再重蹈覆辙，不要让自己的人生再留下遗憾。

曾经有一个人对上帝是极其的崇拜，每天都会在上帝面前祷告，希望有一天上帝能垂青于他。突然有一天他所居住的地方发生了海啸，道路全部都被淹没了，他只好爬到自己家的屋顶上去求生，可是不幸的是，海水还在上涨。就在海水快要淹到他的时候，有一艘救生船停在了他家房子旁，船上的人叫他赶快上船。他却坚持说："不用担心，上帝会来救我的，我是不会上你这艘小船的。"没过多久，又来了一艘救生船，可是他还是不走，还坚持说上帝会来救他的。无奈第二艘救生船只好也离开了。

　　过了一会儿，在他家屋顶上空停了一架直升机来救他，他依然不走，仍然说："不用你们来救我，上帝会来救我的。"就这样，他又拒绝了直升机的救助。最后，他终于被巨大的海浪淹没了。

　　这个人死后，他的灵魂晃晃悠悠地到了天堂，看见上帝后就充满怒气地说："我一直以来都把你视为我最尊敬、最值得信赖的上帝啊，为什么我都快死了，你都不来救我啊！难道是我对你的信仰还不够多吗？"上帝笑着说："年轻人，你错了，我救了你三次啊，可是每次都是你自己不接受，你怎么能说是我不救你呢？"这时，这个虔诚的信徒才明白，不是上帝没有救他，而是他自己失去了逃生的机会。

　　还有这样一个故事：

　　曾经有一位哲学家徒步远行，途经一座古罗马城池的废墟。历经千百年风吹雨淋，这座城池已经是满目沧桑了，不过仔细观察依稀还是能看到往日的光彩。哲学家想驻足停留片刻，感受一下这里曾经的历史，看着曾经被历史淘汰下来的断壁残垣，似乎能听到往日的金戈铁马之声，不由得发出了一声长长的叹息。"这位远道而来的客人，你在叹息什么呢？"这个突如其来的声音，打断了哲学家的思绪。他朝四周看了看，没有看见任何人，到底是谁在说话呢？

　　当他满心的疑云还没有散去的时候，那个声音又响起来了，哲学家仔细地端详自己身边的那座石雕，原来那是古罗马时期留下来的一尊神像——双面神。哲学家满是好奇地问了一下，不知是否能听到回答："你能告诉我，你为什么只有一个头，却有两副面孔呢？"双面神说："因为有两副面孔，我才能一面观看过去，看看过往需要吸取的教训；一面观望未来，去勾勒展望自己的美好前途。"哲学家只问了一句："那你的现在呢？""现在？"双面神满脸茫然，不知所措。哲学家说："时间是永恒的却也是无形的，过去只是现在的曾经，你只能把它当作回忆，永远都不可能回来。未来又是现在的延续，谁都不是预言家，也不能预知谁的未来。而你却根本不把现在放在眼里，纵然你可以知晓前世今生，可是对于'现在'来说，又有什么意义呢？"

双面神听了哲学家的这番话之后，情不自禁地失声大哭起来。遥想当年，就是因为自己没有把握当下，才使得罗马城失陷，自己也被人们当垃圾一样丢在了这断壁残垣的废墟中。

不管是故事中上帝虔诚的信徒，还是自诩为能洞察过去与未来的先知，他们都是过分地沉迷于往事和虚无缥缈的未来，却不懂得把握实实在在的现在。你回头试想，我们又有哪个人能一直停留在过去，哪个人又能先于一步窥视自己的未来呢？

殊不知，你昨天刚想好要做的事情，就被今天新的事情耽搁了；昨天你还在想明天是个好天气，今天刚一起床就开始电闪雷鸣了。所以说，我们与其在那无望的过去和无望的未来之间徘徊，还不如把握当下，珍惜现在，这对于我们普通人来说就显得尤为重要，因为你能把握的就只有今天，抓住今天，你也就抓住了你的未来。

这又是一个阳光明媚的周末，太阳悄悄地爬上了山腰，凯蒂原本想好好地睡一个懒觉，但是内心里总是有一种罪恶感在强烈地挣扎着，驱使她要赶紧去教堂做礼拜了。

凯蒂急匆匆地洗漱完，穿戴整齐，急忙赶去离她家不远的教堂。

还好，礼拜的仪式才刚刚开始，凯蒂悄悄地从后门进去找一个靠边的位子坐下。最前面的牧师开始祈祷了，凯蒂正准备闭眼低头聆听的时候，却感到坐在她旁边的先生的脚轻轻地碰了一下她的脚。

凯蒂偷偷地往隔壁先生那边望了一眼，心想：这位先生座位的旁边有足够的空间，他为什么还要碰我的脚呢？凯蒂心里感到阵阵的不安，但旁边的先生似乎没有注意到。

接着，祈祷开始了："我们伟大万能的主啊……"牧师才刚开了个头，凯蒂又悄悄地看了一眼旁边的这位先生，就又忍不住回想刚才的事情：这个人还真是讨厌，怎么那么不自觉，鞋子好像是从垃圾堆里捡来的一样，又破又脏。

牧师还在前边继续祈祷，旁边的先生悄悄地说了一声"谢谢你的祝福！阿门！"凯蒂竭尽全力想集中精神来祷告，可是心思总是忍不住就跑到她旁边那位先生的鞋子上了。她想：教堂是一个何等神圣的地方，难道就不能穿一双比这更好一点的鞋子来吗？他难道不觉得这样做是在亵渎我们神圣的主吗?

祷告不知道什么时候结束了，人们都唱起了赞美诗，凯蒂旁边的这位先生更是在自豪地高声歌唱着，甚至还不由自主地高举着自己的双手，真是慷慨激昂啊。凯蒂甚至在心里讽刺他：万能的主一定能听到他的声音。在准备要奉献时，凯蒂郑重地放进了自己早已准备好的支票。而隔壁的这位先生却在身上摸来摸去的，只摸出了几枚硬币，蹑手蹑脚地放进了盘子里。

每次来做礼拜，凯蒂总是被牧师深情的祷告感动着，同样也感动了她旁边这位碰了她脚的先生，因为凯蒂看见他脸上还有未干的泪痕。

每次做礼拜总是会有新的朋友到来，就在今天的礼拜结束后，人们也都像往常一样欢迎新来的朋友，让他们感觉自己好像在一个温暖的大家庭中一样。凯蒂心里有种想认识她旁边这位先生的冲动，于是她很亲切地握住了这位先生的手。

凯蒂又仔细地打量了这个坐在她旁边的先生，只见他是一个年纪偏大的中年黑人，头发蓬乱，不修边幅，但是凯蒂还是很真诚地谢谢他来到教堂。这位先生激动得居然又一次热泪盈眶，对凯蒂微笑着说："你好，很高兴认识你，我的朋友，我叫约翰。"这位先生擦了擦满是眼泪的眼睛，继续说道："其实我来这个教堂已经好几个月了，但是却没有人理我，你是第一个和我握手打招呼的人。我也清楚自己这样看起来是不太庄重，但是我每次都是尽自己最大的努力，保持最好的形象来到这里。每个周末，我都会一大早就起来，把自己的鞋子打上鞋油，然后再走很长的一段路来到这里，可是每次等我到了教堂的时候鞋子就又脏又破了。"听完这位先生真诚的述说之后，凯蒂感觉到阵阵的辛酸，忍不住流下了眼泪。

没想到，这位先生接着就满脸歉意地向凯蒂道歉："实在对不起，刚才我坐得离你太近了。其实，当你坐到我旁边的时候，我应该先向你打招呼问候的。但是我想，就在我们刚才鞋子碰到一起的时候，我就知道我们应该是心灵相通的。"

听了这位先生充满歉意的话，凯蒂反而显得不好意思了，一时之间都不知道该说什么好了，等了一会儿她才回过神来说："先生，你说的对，其实，是你的鞋子触动了我的心灵。让我明白了，不能以貌取人，一个人最美的不是他的外表，而是他的内心。"

凯蒂还想说什么，却再一次哽咽了。这位先生恐怕怎么也不会想到，凯蒂此时此刻从心底里感激他那双又脏又破的鞋子，是它们让凯蒂看到了一个人真正的灵魂。

其实，我们对于别人的偏见，多是出于我们内心里先入为主的看法，当然这也是产生矛盾最主要的原因。我们不如就趁现在的功夫去了解一下，兴许我们对别人会有更新的认识，放下你心里过往的偏见，让自己拥有一颗敢于在当下接受别人的心。

其实，过去的事情就过去了，我想当他们伸出双手的瞬间便已冰释前嫌。你会发现，当你遇到烦恼痛苦时，要多给自己一点思考的时间去沉淀，既然已经发生了，它就像历史一样，是不可能改变的，我们更不可能穿越时空回到过去，改变现在的结果。我们唯有改变自己当下的想法，才能解决过去带给我们的痛苦。

生活中，我们总是会因为自己的一时冲动做错事情，抑或是别人的错，但是身为当事人的你我往往会陷入迷茫中，而不能看清到底是谁对谁错。你应该这样想，这也许是上天安排的一次缘分呢。人与人之间不管发生了什么，不妨换个角度试想一下，这样我们就能设身处地为对方考虑，逆境也就会变成顺境了。

幸福箴言

我想说世界上任何一个人都不会回到过去，也不能穿越未来，何不趁现在就放下那些曾经束缚你的人情世故，还有所谓的功名利禄，难道你还要被过往蒙蔽吗？其实，当你真正放下这些的时候，你就会发现简单的幸福就在我们身边。

忘记当忘，学会给记忆"减肥"

生活中，大多数人都是靠记忆生活的。试想一下如果你是个没有记忆的人，那无异于一具行尸走肉。我们更应该记住的是那些曾经的美好，那些能记住别人的好的人，诚实守信、懂得感恩的人，也是心灵干净透明的人，他们是最能感受到幸福的人。

在工作中，我经常会遇到女员工之间为了一点鸡毛蒜皮的小事吵吵闹闹，搞得双方心里都不好受。

有一天，布朗小姐对我说今天上电梯的时候被同一个部门的艾利踩了一脚，然后布朗小姐也回踩了艾利一脚。

我记得她们俩刚到公司的时候，彼此之间的关系还是很友好的。布朗小姐经常忙得不可开交，有时候甚至都顾不上吃饭，艾利会主动帮她去楼下的餐厅带她喜欢吃的火腿，拿回来放在她的桌子上。而有时候艾利由于家里有事不能来上班，布朗也都会主动帮她做完原本属于艾利的工作。她们会反目成仇是因为一件事情。有一次她们一起出去逛街，布朗看上了一件很漂亮的裙子，只可惜钱带得不够，艾利就帮她付了，可是后来布朗就把这件事情忘得一干二净了。于是在一次吃饭的时候，艾利就告诉布朗上次的衣服钱还没还给自己，没想到事后布朗四处宣扬艾利是怎样一个小心眼的人，这话传到了艾利的耳朵里，从此两个人就反目成仇。两个人见了面就互相排挤，甚至有肢体上的冲突。我看到这样的事情，心里就会不舒服：她们之间真的有那么大的仇吗？

这两位曾经很要好的朋友，却没有记住曾经的美好往事，反而为现实的琐碎纠缠。难道她们忘记曾经对彼此的好了吗？这个是我不愿意看到的结果。

我想这也许是我们每个人都会犯的毛病，潜意识里总是希望别人对自己更好一些，就算是那个人在先前对我们有一百个好，只要有一个不好，那以前的那些好就都被我们全部抹杀掉。我们只记住了别人对我们的不好，别人的缺点和错误，别人怠慢我们的地方，然后，我们再看这个人，越看毛病越多，越看越讨厌，全身上下一无是处。可是我们却忽略了一件事情，人无完人，如果说没有别人，你怎么会看到你自己身上的缺点呢？我们彼此之间都是互为映射的关系，你看到他的种种缺陷，其实也是你自己身上存在的问题。一旦彼此间的矛盾升级，我们就把别人身上的小问题无限放大，从而也蒙蔽了我们的眼睛。

其实，你不妨这样想，我们都会犯错，当你不能容忍的时候，就回想一下别人的好，这样你就能对别人的缺点宽容一些了。久而久之，我们眼里看到的、心里想到的就都是别人的好，你会发现其实这个世界本来就是很美好的。

朋友之间，多记住一些曾经的友谊，你便会拥有更多的朋友；夫妻之间，多体谅一下彼此的不好，就会更加恩爱。当然，这也并不是一味地姑息、放纵别人的错误，这样做只是为了温暖自己的心。

年轻的时候，我的工作一直都不是很顺利。总是奔波于各个城市之间，但最终也是一事无成，我一直苦于没有办法改变我的这一困窘现状。常常徘徊在无人的街头，有一天，在街头看到一个老人，我走过去想问问他有什么需要帮助的地方，他说自己是出来散步的，然后我们就一起攀谈了起来。

他给我讲了这样的一个故事：有一个叫比利的男孩，和他的朋友艾伦一起去徒步旅行。有一天，他们一起来到一座险峻的大山中。等他们一起往上爬的时候，比利一不小心踩空了一块石头，半个身体都悬在峭壁间，只有双手死死地抓住旁边的石头。艾伦看见这种情景，立刻爬到比利的身边，在经过艾伦的一番拼死相救后，比利终于得救了。他为了感谢艾伦的救命之恩，感激地说："刚才真是太危险了，要是没有你，我想我恐怕早就葬身在山谷之下了，为了表达我对你的谢意，我决定要把这件事刻在石头上。"艾伦却并不以为然，淡淡地一笑说："你也太小题大做了，我想任何一个人遇到这种事都会跟我做一样的事的，你没有必要这么认真吧？"比利却什么话也没说，依旧那样做了。

旅行还在继续，这一天，他们来到宽广无垠的大海边。两个人一边欣赏大海的美丽景色，一边若无其事地谈起了充满意味的人生哲学。说着说着，两人就开始争吵起来，吵到激烈处，艾伦急了，一不小心失手打了比利一个耳光。比利异常地愤怒，说："没想到，你敢打我，我要把这件事记下来。""我不是故意的，你又何必认真呢？"艾伦说。还没等他讲完，比利就在沙滩上把这件事写了下来。

艾伦觉得很奇怪，问："我记得上次你要跌落悬崖的时候，我救了你，然后你把我救你的事情刻在石头上，怎么这次我打了你一耳光，你却要写在沙滩上？"比利笑着说："你不了解我，我每次把自己要记住的事情分为两种，记在石头上的事情，是我这辈子都不想忘记的事情；记在沙滩上的事情，是我这辈子都不愿意再想起的事情。"艾伦听了之后，感觉自己真是羞愧难当。从此以后，艾伦和比利两个人成了生死不离的好朋友。

老人讲完之后，我听得热泪盈眶，老人却语重心长地对我说："其实，我们人与人之间相处最忌讳的就是互相猜忌，为了一点小事而斤斤计较，你要懂得宽容和大度才是为人的根本。虽说人跟人之间难免会有摩擦，但是这个时候，你更多的是要想到别人的好处，要忘掉那些小事所带来的不快。"听完老人的这番话之后，我茅塞顿开，然后我向老人深深地鞠了一躬，感谢他在我迷茫的时候出现在我的身边，还跟我说了这些足以让我铭记一生的话。

没过多久，我便找到了工作。数月之后，凭借着自己慢慢累积起来的人脉关系，我在公司里脱颖而出，老板也很赏识我，开始让我独当一面。

我想说我要感谢那位老人，我也永远不会忘记他给我讲的那个故事。人生在世，我想总是会跟形形色色的人打交道，只要你像故事中的比利一样，记住别人曾经对你的好，忘掉他们的过错，还自己一个洁净的心灵，你也就会得到他人最诚挚的感情和最真诚的心。

是的，这也是我们每个人的处世哲学，我想每个人都不愿意别人只记得他的坏处吧，记得一个人的好处总是会强过记得一个人的坏处，你何不敞开胸襟让自己释怀那些曾经不好的记忆，为自己开启一片新的净土。

你可以试想，如果别人只记得你的缺点，那你的生活将会是一个什么样的状态，有可能会出现众叛亲离的局面，你自己也会觉得你的生活暗无天日。所以，让自己多想一些好的事情，你就会发现美好的生活就在你的身边。

威尔在拥挤的车流中开着车缓缓前进，红灯亮起时，他的车子暂时停了下来。这时，旁边走来一个衣衫褴褛的小男孩，小男孩拿着一束鲜花，边敲车窗边问威尔要不要花。他从兜里掏出五美元递给小男孩，这时绿灯亮了，后面的人喇叭按得滴滴响，不停地催着他。小男孩问他要什么颜色的花，威尔有点不耐烦了，粗暴地对小男孩说："不管什么颜色的，随便来一枝就行，你只要快点就可以了！"小男孩十分礼貌地说："谢谢你，先生。"

威尔走了一段路后，突然后悔起来，他觉得自己刚才对小男孩的态度太粗暴了，而小男孩对他仍然是彬彬有礼的。于是他把车停在路边，下车向小男孩道歉，并拿出五美元给他，要他自己买一束花送给自己喜欢的人。小男孩笑了笑，说声"谢谢"并欣然接受了。

当威尔回去发动车子的时候，发现车子出问题了，怎么都动不了了。在一阵忙乱之后，他打算步行去找拖车把自己的车拖走。正准备离开时，迎面竟然驶来一辆拖车，这令他大为吃惊。司机笑着对威尔说："我在路上碰到一个小男孩，他给了我十美元，让我过来帮忙拖车，他还写了一张纸条让我给你。"

威尔打开纸条，上面写着："这代表一束花。"

在这个故事里，威尔改变了自己的态度，也收获了一份善意。

在19世纪中叶的一个冬季里，天气异常寒冷，一个流浪少年来到了美国南加州的沃尔森小镇。他又冷又饿，晕倒在了大街上，小镇上一个叫洛克的镇长收留了他。镇长平时德高望重，乐善好施，镇上的人都非常尊敬他。

在镇长的悉心照料下，这个昏迷的少年醒了过来。接下来的一段日子，少年就寄居在镇长家里。冬季的小镇雨雪交加，镇长家花圃旁有一条小路，平时人们都从这里经过。然而一遇到这种坏天气，小路就变得泥泞不堪。人们为了避免弄脏衣服，就从镇长的花圃穿过，结果把镇长家的花圃弄得一片狼藉。少年看到这些，感到很气愤。他冒着雨雪守护花圃，阻止行人穿过花圃，让行人还从那条泥泞的小路走。行人看到有人维护就再也不好意思从花圃走了。

这时，镇长过来了，他挑来一担炉渣，将炉渣铺在那条泥泞的小路上。小路铺好了，没人在现场阻拦，行人也不再从花圃中穿行了。开始少年很不理解镇长的做法，最后镇长对他说："小伙子，你要记住，关照别人就是关照自己！"

"关照别人就是关照自己！"这不过是普普通通的一句话，却让少年的心灵受到很大震撼和启迪。他由此悟出：关照别人虽然也需要付出，但同样能有收获。在他以后的人生道路上，他把镇长这句话始终铭记在心，尝试着按镇长的话去做。后来，他慢慢变得快乐起来了。并且，他的事业也伴随着他的转变蒸蒸日上。

我小的时候，父母经常教导我：记住那些快乐的事情，并常常回忆它们，这样就会幸福。是的，我们每个人来到世上，都渴望幸福快乐。然而，我们的做法常常与我们的目的背道而驰。我们常常因为生活的烦恼而不愉快，并且老记着这些烦恼，结果令自己更加的不快乐。我们何不改变一下自己的观念呢？尝试着记起快乐的事，让快乐充满我们的记忆。这样我们才能变得越来越幸福。因为烦恼多了，快乐就少了；而快乐多了，烦恼就少了。

人的一生很短暂，如果把所有的记忆都抛却、忘记，人生将是漆黑一片，生活一片狼藉，精神上也会一片困顿。记忆是人类独特的功能，正因为我们有了记忆，我们的生活才变得丰富多彩，我们的生命空间才能无限拓展。在我们的一生中，一定会有不少美好的回忆。它可以是一个礼貌的问候，一句简单的话。就是这样平凡的小事，如果你记住它，把它好好地保存在我们的记忆里，它就有可能给我们的人生带来巨大的启迪。

所以说，幸福的生活其实就是我们自己给自己的，我们要想有自己的美好生活，就要学会给自己的记忆"减肥"。

幸福箴言

其实，现实生活中的大多数人总是会在别人的背后谈论别人的家长里短，我想说这是一个很不好的习惯。人无完人，每个人都不是天生完美的，这只不过是一个时间问题，所以我们要加强自己的内心容忍力，要学会怎么先去爱别人，不要总是惦记着人家的不好，多想想人家曾经对你的好。

Part 02

做个充满魅力的女人

　　既然生之为女人，就要好好享受上天赐予女人的一切。不管你是不是美女，都要学会生活、享受生活，这才是聪明女人的生存之道。

淡淡书香，熏染魅力女人

想让自己的生活充实而惬意，一个重要的方式就是多读书，读一些好书。在淡淡的书香中寻找到属于自己的爱和满足，你会发现，许多烦恼在无形中已经消失了。

"我平时太忙了！哪里有时间看书。"经常有女性这样为自己的不读书找借口。她们说起工作的忙碌、下班后的安排，以及和男友的纠缠……似乎自己真的很忙很忙，根本没有时间拿一本书读上那么两三行。所以，这些女人很安心地原地踏步，不再用阅读提升自己。

这实在是一种"懒人"的生活方式，为什么一些女性不愿意把时间抽出来一点用在读书上呢？读书与否，能够直接影响一个女人的魅力。我的朋友海恩斯太太也许可以告诉你们热爱阅读的女人美在哪里。

十几年前，我曾经参加过一次讲演，在那次活动里我认识了几位朋友，其中一位就是海恩斯太太。当我看到她时，我的第一个想法就是：这是一位很有修养、很自信的女性。后来我才知道，海恩斯太太的家庭和教育背景都十分平常，她的工作也普通得不足以拿来讨论。但是，她是一位热爱阅读的女性，长年的阅读使她焕发出奇妙的神韵。

现在的海恩斯太太是一位已经五十多岁的职业女性，她长着一张普通白种人的脸，小个子，从我年轻时认识她开始，她就从来没有拥有过所谓的"魔鬼身材"。但是每个与她打过交道的人都会说，海恩斯太太的气质真好。她永远都是妙语连珠却又心平气和，就像一个磁场一样吸引着周围的人去结识她、去信任她。

海恩斯太太对一些问题的看法敏锐得惊人，她总是冷静而热情地和这个世界打交道。就连一向对女性魅力挑剔的查尔斯先生也在结识海恩斯太太之后心悦诚服地认为，她是一位从内向外焕发魅力的女性，"这样的女人不会被任何事情打倒，不管遇到什么样的人生，她都能让自己幸福。"

正如查尔斯先生说的那样，海恩斯太太给人一种安详和睿智的感觉，这样的女人不可能不幸福。而这些良好的人生态度，在很大程度上来自于海恩斯太太的读书习惯。

我的案头经常放着几本书，偶尔翻一翻，就会觉得心情在书页的翻动中渐渐沉静下来，充实而温暖。我想对于女人来说，读书应该同样重要吧。尽管书籍在生活中只占了一小部分，但是在女性魅力的塑造方面却具有强大的作用。

当忙完手头上的工作，打量窗外经过的人流时，有时看到一些干劲十足的女性，我会突发奇想：如果把这个人身上所有的财富和地位都丢弃，那么，她还有什么可以支撑起自己的快乐？我想，应该是强大的心灵吧。一位内心充实的女性才能更好地感受幸福，那么，如何获得这份心灵上的满足呢？

答案就是阅读。阅读是一种美好的经历，从无尽的书籍中可以看到数不清的人生和思想历程。我们虽然不是上帝，却可以在书籍中创造一个世界。女性也是如此，如果没有自己的精神花园，那么生命中纵然出现再好的风景，自己也只是个过客，无法坦然。

在日常的交际场合里，我曾经见过各种美丽精致的女性，她们把自己打扮得光鲜靓丽，无论是妆容还是服饰都无可挑剔。但是，有的女性的美丽却是轻浮的，她们的美过于雕琢。旁人的目光落到她们身上，开始还会有些惊艳的感觉，但是畅谈十几分钟之后，就会得出一个"华而不实"的评语，因这些女性的无知和无趣而感到乏味。没有足够的知识、眼界、涵养，一位女性能吸引别人的时间就会越短，魅力值也会越来越低。这就是为什么一些原本普通的女人越来越漂亮，而一些美女却沦落成普通人，原因就是后天的修养不同了。生活在现代社会，女人要应付的东西比过去的人要多得多，如果头脑里的东西不多，就会逐渐失去女性的魅力。

在一所大学里有一个"丑女"，她的皮肤粗糙暗淡，唇型很丑，脸上显著的位置还长着雀斑。她的朋友曾经开玩笑说，即使是以安慰女性见长的报纸杂谈主编也不会对她说出美丽之类的赞美词。可是，二十年之后，当已经步入中年的同学再次见面时，她却成为了众人瞩目的焦点。这个女人依然是父母给予的那副模样，给人的感觉却是长得恰到好处，没有人会注意到她不美，大家都被她淡定自若的风度和不俗的谈吐折服。

班里曾经的拉拉队之花现在已经成为家庭主妇，身材也开始发福，当她见到往昔的同窗时，惊讶地发现她越来越漂亮了，就连过厚的嘴唇也随着一颦一笑展露出成熟的风情。她问"丑女"是不是到贵族学校里修习了十年。"丑女"的回答是：怎么会啊？我只是去一个报社做了编辑，后来又开始兼职书评栏目。

原来，她在这些年读了数千本名著和流行图书，在为这些书中的故事和理想感动之余，还用自己细腻的笔触给读者写推荐文字。她陶醉在书香之中，不曾想自己的智慧和魅力也被熏陶了出来。

美貌和魅力之间的关系不成正比，美貌的人不等于有"女人味"，不等于有气度和智慧。没有人会真的喜欢一个"花瓶"，一个女人要想在社会中生存，就不能离开书籍的扶持。服饰、妆容和礼仪修养可以为一位女性披上华美的外壳，但要想拥有一份高贵的气质却需要书籍来帮忙。

"看的景色多了，站的地方也会高。"我的一个小说家朋友曾经用很自豪的语气这样说。一位女性把自己置身于高尚的书籍当中，就像是和无数的伟人对话，即使她的年华老去，也不会磨掉她的魅力，反而令她更加自信，思想境界也提高不少。

公司里有一个女秘书，大家在私下都称呼她为"狡猾的皮特小姐"。她是一个非常活泼的女孩子，当她慧黠的眼珠转动时，我们就知道她又有了一个鬼主意。皮特小姐外形非常娇俏，看起来比实际年龄还要青涩，但是公司的上层却接纳她进入了决策圈。有些新人对她的受重视不理解，办公室的老前辈就会说：和皮特小姐开几次会你就知道了。

当新人和皮特小姐参加会议时，几乎完全被皮特小姐庞大的知识储备吓倒了。皮特小姐可以事先不做准备地讲出美国任何一个州的地理气候、经济形势、种族形势、市场前景乃至其他公司的成败案例。皮特小姐的阅读面之广令人惊讶，从她最爱的地理地质学到化工冶炼再到市场评估、哲学宗教、人文历史，几乎所有可以提出话题的内容她都可以笑一笑，把话接下去。

皮特小姐曾经夸张地说："我以前的记性不是太好，所以就多读书想开发一下脑子。"她调皮地挑挑眉："结果就不小心地记住了不少东西。"

个性有些小"坏"的皮特小姐，如果不是因为足够的知识储备，怎么会被放心地委以大任？女人要想多些阅历，就多读一些书吧。在书本里，女人不但可以学习到谋生手段、生存技能，还可以找到与人相处的方式和无数伟人的智慧。

女人的青春年华很短，最灿烂的时光也不过20年。女人在成年之后，被工作、交际、家庭等各种事务包围时，她的生活天地就会一点一点萎缩，被无数的烦恼纠缠。女强人为公司业绩和手下的工作不力抱怨，普通职员为薪水计较，就算是红极一时的百老汇女明星也面临着转型危机……女人应该为自己的魅力长期打算。

海伦在39岁的时候生活面临崩溃，她决定和丈夫离婚，独自抚养女儿。虽然做出了这个艰难的决定，她却一点都不开心。她来到一家书店求职成为这家书店的店员，就在这段时间里，她接触到了店中大量的藏书，为了打发时间不让自己有时间想不开心的事情，她开始阅读。

一年以后，海伦已经完全走出了不幸婚姻的阴影，"原来我觉得自己十分不幸，现在却发觉以前的生活圈子太狭隘了。当我在为一个并不出色的男人哭泣时，勃朗特姐妹却在她们的小屋中思索一本旷世奇作。我觉得自己错过了世界许多精彩的事情。"

现在的海伦已经有了良好的阅读习惯，她变成了一个爱看故事、爱写故事的人，她说："我还不是太老，也许有一天我可以为自己的女儿写一本书。"

当女人变成母亲之后，她就变成了一个家庭的核心。一个母亲的阅读习惯会带动自己的家庭成员都变成一个爱书者。想象一下，晚饭之后，一个在柔和灯光下阅读好书的母亲和一个喋喋不休训斥子女的母亲，哪一个更容易给这个家庭带来快乐？结果是不言而喻的。

曾经有一位经营报业的朋友告诉我，阅读书籍的人比较容易感动，因为容易感动，所以他们更加容易获得幸福。心理学家说，女人都是感性的，但是这种感性却可以在阅读中获得理性的释放。

阅读不仅可以使女性增长见闻和智慧，而且这个过程本身就充满了乐趣。当女人沉醉在厚厚的书卷中时，她的气质会渐渐发生改变，高贵、典雅……多样的气质会随着女人的不同阅读选择而呈现。

总之，阅读是为女人增加魅力的重要砝码。当窗外阳光投射出的阴影仅仅从西边转到东边时，读者已经在书中看到一个时代的兴亡、一种艺术的发展延续、一个人一生的得意与失落。有这些积累在胸，女人怎么会怕自己没有魅力。

幸福箴言

读一本好书，就离智慧近一分；写一页读书笔记，就离愉悦生活近一分。多读书吧，你会发现，自己正在一步步变成梦想中的魅力女人。

巧笑嫣然，得体举止显魅力

世界上没有静止不动的"睡美人"，女性的魅力就在一举手、一投足之间尽展无遗。要想成为一个有魅力的女人，举止仪态方面的修养必不可少。想让自己成为一道流动的风景吗？那就从自己的每一个动作做起吧。

一个美若天仙的女人，如果举止粗俗，那是相当令人遗憾的。在生活中我总是会发一些感慨：一些女性明明可以更美，却被自己的举止毁掉了。大多数人在身体放松的时候，都会显得懒散甚至有些粗俗，如果发生在女性身上时，就显得更加突出。

走进办公室时，经常会看到一些女性懒洋洋地倚在桌子上，还用脚打着拍子。只有看到上司进来时才会抖擞一下精神，之后又会毫无形象地软倒。这怎么能行呢？如果她是我的女儿，我一定会把她拉起来，叫她挺胸抬头。回到二百年前的欧洲，一般中产阶级家庭的女孩子还要头顶着一摞书练习走路姿态。到了现代，女性可以走出家门自由行动了，却变得过于放松自己，这实在不是一种好现象。

有一天我去参加一次集会活动，这里聚集了许多年轻人。当时的主持者说了一句话："美丽的女人是上帝的宠儿，无论做什么都迷人。"女孩子们在台下起哄，说自己不美怎么办。这时候我笑了，把话接下去说，"你不美，那很好，因为你可能成为一个更有魅力的女人。不过——一定要先成为一个仪态端庄的淑女。"

女孩子们的头目拉米尔小姐拉着几个伙伴跑出来，和大会的组织者打招呼，这个女孩很开朗地说："卡耐基先生，我可不是淑女，您说我有可能变得有魅力吗？"

拉米尔在人群当中给人的感觉非常独特，是一种并非美丽的可爱。我仔细打量了她一下，发现她走路时腰很挺拔，脖颈修长笔直，虽然是在笑闹，给人的感觉却不粗鲁，反而赏心悦目。于是我说："你现在就很好，年轻人就应该活泼一些，不过你的举止很得体，我相信你到了庄重的晚宴上也一定能游刃有余。"

不是每个女人都天生丽质，这个世界上90%的女性的容貌都要被归入普通当中。但是在成千上万的普通女人当中依然会出现许多光彩夺目的人，这些人用她们美好的举止仪态在第一时间就吸引了周围人的目光，所以说，女人在面貌上失去的分数可以在身姿举止上找回来。

但是在生活中，很多女性并没有注意这些。不少女性对于自己的身姿举止掉以轻心，往往只是在旁人面前装装样子，或是连这些假象都懒得做。有一次一位女士来找我做咨询，在整个谈话过程中，她一直跷着二郎腿，一只脚还不停地抖动，那个频率几乎令我发疯。

女性的举止能够体现出她的素养。人们经常说，看人要看细节，一些穿着朴素、相貌平平的女性因为举止得体，显得非常高贵端庄，充满了典雅气质。穿梭于社交人群当中时，人们总是喜欢根据一个人的举止来判断他的身价和家教。对于女人，则会评估她的魅力和修养。

服装和化妆品都是暂时性的东西，可以临时购买。因此，当人们看到一个打扮得非常娇艳，宛如一件精美工艺品的女性时，虽然会在第一眼惊艳，但是要真正地对这位女性产生尊敬之类正面的感情，却还是要在看过女性的素质和修养之后才能确定。而这些东西往往不是短时间内就可以得到的。我们经常看到一些看起来很漂亮的女性，大大咧咧地迈着八字脚走路，鞋子在路面上拖得嗒嗒作响，坐下时佝偻着腰，肩膀歪斜，双腿乱摇乱动，说话总是像和人吵架一样大吼大叫。这样的女性怎么会有魅力呢？

我曾经认为，一个再清纯美丽的女子，如果不会对人微笑问好、不遵守秩序、喜欢"砰"一下把门踢上，那她也只是一个粗俗的人。一个女人的举止是她受到教育的体现，如果不懂得控制自己的言行举止，那很遗憾，只会成为粗鲁无礼的人，这样的人恐怕连女性也不会喜欢。

有一次，一位女士来到我的心理咨询办公室，她气势汹汹地走进门，大大咧咧地在我面前坐下。如果不是因为她是一位女性，而且看起来并不很强壮，我恐怕会认为是个不良分子闯了进来。

这位女士一屁股坐在我对面的椅子上，开始滔滔不绝地诉苦，看起来好像受了不少委屈，让人想到了欧·亨利小说里在都市生活中处处碰壁的可怜女青年。虽然我试图有这样

美好的联想，但是当这位女士再一次伸出小指头去挖耳朵时，我还是忍不住打消了这个念头。

"这么说来，您是在抱怨那些雇主都不喜欢你了。"我概括出了她话语中的要点。

"没错。我接受过专业的秘书训练，我的工作做得毫无差错，但是我去应聘时他们却总是不给我机会！难道要我打扮得花枝招展他们才喜欢看吗？"

我很快用实际行动回答了她。我一边和她说话，一边把椅子向后推，抬起腿架到办公桌上摆了个舒适的姿势，上半身懒洋洋地倚在椅子的靠背上。果然，这位女士生气了。她愤怒地说："卡耐基先生，你不觉得在一位女士面前这样很失礼吗？"

"可是我只是在模仿您啊！"我回答她，同时指出从她走进门开始，她的哪些举动令人不舒服。我告诉她，虽然她拥有良好的秘书技能，但是在她做出那些很没有教养的动作之后，雇主会认为她很粗俗，怎么会乐意自己手下有这样的雇员呢。

这位女士听从了我的建议，努力改正自己的行为举止，后来她打电话说她现在的工作状态很好。

没错，想提升自己的魅力，就要从每一步做起。注重自己在生活和工作中的每一个动作，不要展露出庸俗的姿态，不要做出无礼的举止。女性可以看看身边的一些人，如果你觉得有些人的粗俗令你受不了，那么就想想自己是不是也曾经有过这样的行为。这样一对比，就会发现自己平时过于放纵自己的言行，已经做出了不少损害形象的事情。

时装会过时，一位优雅的女性却永远不会过时。为什么贵族出身的人穿着乞丐装也会鹤立鸡群，就是因为长年学习的贵族礼节和身姿已经成为他们的一种特点。有个朋友说过，当一个女人在长期遵守某种行为规范之后，这种行为就会融进她的气质里，洗不掉、遮不住。女人可以没有美丽的容貌，但是当她养成良好的举止言行之后，就会得到迷人的风度。

曾经有一位女演员，她生长在淳朴的乡下，当她因为机缘来到好莱坞之后，她成为了一名迷人的电影新星。但是这位美丽的小姐很不自信，因为她接下了一些要扮演贵族小姐的电影。这令她十分烦恼，因为她并不知道贵族女性是什么样的。一开始她试图去模仿贵族女性的穿着打扮，但是效果很不好，感觉就像是一个乡下土气的少女穿着别人的衣服。后来她发现贵族女性自有一套待人接物的方式，对人彬彬有礼，言行举止典雅大方，每一个动作都符合礼仪规范。

这位女演员开始从动作、神态做起，走路端庄、起坐优雅，而且让自己尽量显得优雅，并注意自己的肢体动作。一段时间下来，她发现自己的气质变得好多了，在表演方面也获得了很大的进步。

当一群人聚集在一起时，我发现一个有趣的现象，能够第一时间吸引人的不是脸，而是整体，是一个人散发出来的气质。而那些气质高贵、姿态美好的女性往往能第一时间吸引人们的目光。

在社交场合里，人和人之间的情感信息在很大程度上是通过身势语传递，我们的身体可以变化成千上万个姿势，但是只有一部分可以成为身势语，其他的大多都是多余的动作，例如歪歪扭扭地站着或坐着、用脚搓地、对别人指指点点等。这些动作会令人显得浮躁而无礼，女士做出这些行为就会丧失女人之美，降低自己的品位。

一个有魅力的女人，首先应当是一位仪态万方的女性，美丽的女性在站姿、行姿、坐姿、饮食、待人接物等方面都应当是美的。我在看电影的时候有过几次不愉快的经历。当我正在电影院里专注于剧情时，却有几位女士喋喋不休地议论着电影情节，评论着男演员的帅气。后来快到结局时，又有一位女士"刷"地站起来，大步走了出去。这样的女士无论如何都不能让人觉得美。

我曾经在公园里看到过这样的情景：两位女士坐在长椅上等人，她们的动作都很放松，没有紧绷着身体，但是仍然能看出两个人之间的差别。有个女性培训师曾经和我说，坐姿最能体现一个女人的修养。因为当一个人处于静止状态时，会不由得表现出自己隐藏的一面来。一位女性轻松地倚在椅背上，将双腿并起，当她站起的时候动作也很流畅，姿态良好；而另一位则是上半身向前倾，弓着腰，一条腿架在另一条上面打着拍子。当她等待的人走过来时，她立刻跳起来指责对方迟到。通过看两个人的举止，我们应当已经看出她们修养的不同了，虽然她们长相都比较普通，但是前者明显要赏心悦目得多。

美貌是女人的财富，却不是最大的财富。若想在社会生活中展露身为女人的魅力，就必须拥有得体的举止，使每个看到的人都宛如春风拂面。

如果一个女人不美丽，那只是上帝对你眨了一下眼，当你优雅地迈出步伐，开始新的一天时，整个世界都会为你着迷。

幸福箴言

虽然女性不是活给别人看的，但是当你因为举止从容典雅而被称赞有修养时，那份乐趣可是真真切切属于自己的。

浓妆淡抹，唤醒你的美丽因子

世界上很少有完美的女人，当上帝赐给你的五官有一些缺憾时，女人们就需要自己对相貌进行修饰了。这并非是不自信，恰恰相反，把自己打扮得美丽动人是女人的一项本能，也是一项技能。

虽然我们强调一个人的涵养和气质的重要性，但是这些并不代表对外表就可以忽视了。喜欢美丽的事物是动物的天性，人类也是如此，每个女人都有爱美的权利。

不是每个女人都有天生的好相貌，这时候就需要一点点额外的修饰，让自己变得更加完美一些。在某种程度上，一个女人的内在往往要通过外在来展现。在现代社会，人人行色匆匆，一个女人如果不能在第一面给人留下一个好印象，就很容易失去进一步交往的机会，无从展现自己的内在魅力了。

我的培训班有一次招聘工作人员，当应聘者来到办公室接受面谈时，我注意到了几个与室内风格不太协调的女性。

这几位女士一眼就可以看出来没有经过多少社会历练，她们的妆容很不恰当，有的没有化均匀，有的太过浓艳，还有一位脸上的瑕疵都没有遮住。相对于其他人化妆的自然，这几个人就显得很土气了。

我虽然不会因为女性不漂亮就歧视她们，但是如果一位职业女性走上社会之后，还不会修饰自己的外形，我就会对她们多少有些失望。虽然我没有雇佣她们，但是在临走之前我还是向她们提出了建议，希望对她们有所帮助。

我了解了一下她们的情况，这几个女孩子刚刚接受完就业训练，还对外界懵懵懂懂。于是我告诉她们：一般的女性要成为成熟的职业女性需要一段过程，但是在业务熟练和心态成熟之前，外形塑造应当先行一步。在社会交际中，女人拥有一套恰到好处的妆容，会增加不少印象分数的。

所以说，女士们，学会对自己的容貌进行修饰是女性自爱的表现，对己对人都是一种享受。化妆是女人们的武器之一，可以掩盖容貌的不足，突出自身最有魅力的一面。当女性需要面对社会人群时，恰当的化妆可以令自己信心十足。

在社交礼仪中，有人说过这样一句话：不化妆的女人根本就不应该出门。这话虽然有些绝对，却也说出了化妆对于女人的重要性。就拿离我最近的秘书奥莉薇小姐来说，如果她卸下妆，我可以指出她十几种相貌缺点：眉毛稀疏、有黑眼圈和眼袋、肤色很暗淡、唇纹很密等。但是当她认真地扑了粉，画上眼线和唇膏之后，我也只能保持沉默，忘记之前看到的缺陷。

许多女人幻想自己能像一幅油画那样美好，但是真实的人不可能像油画那样充满艺术感，人的身上有不同的缺陷，这些生理上的不足在社交场合中是不适合表露出来的，因此要对它进行修饰。而在一定的场合中，女性们或是因为爱美，或是因为工作需要，要求自己展现出不同的风姿和气质，这时候女性就需要通过化妆来使自己变得更加魅力四射。

化妆就如同画画一样，女人虽然不能天生成一幅美人图，却可以把自己化成美人。完美的妆容可以使普通的女孩拥有如同好莱坞巨星一样的风采。

学会化妆是女孩子变成女人的一门必要功课，当女孩子从家庭当中走出，进入社会时，就需要掌握化妆这种武器。

19岁的艾维在学校毕业之后开始寻找自己的第一份工作。当她顶着一张使用劣质化妆品涂抹成的脸去一家公司应聘的时候，一位女性主管狠狠地嘲笑了她，给她的自尊留下很大的伤痕。我的培训班里有个职员是她的亲友，在一次闲谈时和我说起这位女孩子最近的心事。

我和她说，那位小姐正处在人生中最美好的年龄里，她的青春可以掩盖任何缺点，不过走入社会之后，如果不化妆则会显得很没有修养。不如你去建议她化一些能够衬托出她朝气和活力的淡妆，另外化妆品要挑选对，不要使用那些俗艳的东西。

后来我的职员帮了艾维几次，她回来兴高采烈地和我说，原来艾维也是一个青春洋溢的美少女呢。

再后来在一次演讲中，我看到了艾维，她确实已经变成一个很会化妆的女孩子了，而且做得恰到好处，没有让人感到浓妆艳抹的不快，反而在清爽中透露出干练，当她站到那里时，没有人会觉得她与环境不合，反而给人感觉很可靠。

化妆是女人的一层衣服，这层衣服是社交礼仪的需要。我问过一些商业上的伙伴，这些公司的主管对于女性化妆这一点还是比较介意的，他们认为，职员化妆可以显示出她们的专业性，懂得修饰自己更是一种礼貌。

化妆是对人们审美的一种试验，好的化妆会使女人变成"千面女郎"，拥有多种风采，女性脸部的色彩和线条一丝一毫的调整都可以产生不同的效果，造成性格、气质等外观上的变化。化装舞会上浓烈的妆容会让人觉得性感，酒会上典雅的晚宴妆衬托出高贵，网球场上一层薄薄的淡妆又会使人觉得清爽，而在约会的时候想装扮得清丽可人或是魅惑无比就全看女士们的意思了。女人要想制造出源源不断的新自我可以先试着模仿，一方面加强美学方面的修养，一方面可以向那些被确定是"美丽人物"的电影演员、橱窗模特、派对明星等学习，多琢磨各色妆容的巧妙之处。

化妆的本意是为了美，除了舞台和荧幕上的演员外，我想没有一位女士想把自己的脸弄得一塌糊涂。但是在现实中，很多女性不知道什么样的妆容适合自己，导致脸上化妆之后却好像贴上了一层不合适的壳，连原本的魅力也失去了。例如我的一个下属唇形不好看，按照化妆理论来说应该是可以用唇彩和唇笔调整的，但在实际操作中，她发现缺陷超出了化妆可调整的限度，就没有勉强化那样的妆。

在社会上颠簸了两年之后，罗利小姐变得成熟起来，只是她的妆容依然不敢令人恭维，平直的眉头被硬生生剃掉重画，眼睛被画黑画大，薄唇上涂抹了砖红色的唇膏，几颗小雀斑被厚厚的粉遮盖，但也因此使这张脸变得有些像假面。

一次她来我的培训班和我聊天，她说起自己的苦恼来："卡耐基先生，我以前很喜欢一位电影明星克劳黛·考尔白，她大大的眼睛和迷人的睫毛让我很羡慕，我一直想模仿她的样子。以前没有工作时我用的是劣质化妆品，后来工作一段时间之后我存钱买高级的化妆品打扮。可是，我还是听到同事们偷偷嘲笑我是个乡巴佬。"

我很快就指出了她的误区，为了让她明白，我做了一个比方："其实你弄错了自己的特色，与其说是像考尔白，不如说像充满个性的凯瑟琳·赫本。你的脸型略宽，眉毛很坚毅，勉强把眉目画成不合适的形状，不如打扮成具有干练气息的女人，你现在工作已经上手，如果再加上成熟的妆容应该会取得很大帮助。"

在我的劝导下，这位小姐终于放弃了不切实际的模仿之路，开始向一些有经验的人请教如何化适合自己的妆容，找到最能体现自己美感的造型。

米弗拉夫人是某个大公司的培训讲师，她曾经激励入职的女职员"我们都是有魅力的女性"。她在一次谈论商务礼仪训练的时候，和我说起女人的化妆来。她说，告诉女性一次怎么化妆用处其实不是太大，要告诫她们多次并且让她们反复的练习。初出茅庐的少女总以为化妆像彩笔画一样容易应付，却不知道不同的人画同一妆面的效果会千差万别，只有熟练之后才能根据自己的气质、着装做出合适的判断，从而自主决定妆容。在社交活动中，女人经常遇到应急化妆，如果对化妆不太了解，就可能出现纰漏，成为人群中唯一奏出不和谐音符的异类。

女人一定都有几款最爱的化妆品，不管是牌子还是化妆的种类，当你把这些物品使用得随心所欲的时候，自己的化妆技巧也就差不多了。好的化妆品和化妆用具对女人的心情会产生很大影响。拥有好的化妆品会让女人在把它们用到脸上时充满自信，人也显得容光焕发，魅力指数不断上升。

幸福箴言

化妆的女人是积极的，懂得如何化妆的女人是智慧的。不美不是女人的错，但是不能把自己变美，女人就要负上一定责任了。

娓娓而谈，把话说到心窝里

有时候，短短的一句话就可以触及人的内心深处，让人欢喜让人忧愁。一个有魅力的女人懂得把话说到心窝里，当你可以娓娓而谈，字字珠玉，令周围人因为你的话语愉悦时，就已经获得了无穷的魅力。

"我们昨天又吵架了。""我和××又闹翻了。""老板说我讲错话把事情办砸了。"在生活中，经常可以看到这些女性在向别人抱怨，说起自己和别人的口舌之争。仔细询问一下原因，会发现其实大多数争执的起因只是因为不恰当的一两句话。

这种现象在生活中很常见，几乎每个人都曾经遇到过一两次差点酿成大风波的口头冲突。一些女性太轻率，不注意自己说话的语气，一下子就把导火线点燃了。

有一天，我的一个朋友兴高采烈地告诉我，他刚刚学会如何做一道异国菜，实在想表现表现了，于是他邀请我们几个人到他家里参加聚餐。

这位朋友是个爱好美食的人，而且喜欢带动其他人一起做。不过，他的妻子却不喜欢厨房。当这位朋友郑重其事地从厨房端出一大盘样子令人不敢恭维的东西时，我们谁都不敢下口。

"哎呀，只是样子难看而已，其实很好吃的。"虽然那道菜一看就是做砸了，但我的朋友兴致还很高，热情地招呼大家品尝。

这时候，他的太太不但没有给他打圆场，反而一脸轻蔑地说他："不会做菜就别做，弄出一盘灾难来多丢人啊。"

那天的聚会就在这位朋友的黑脸中结束，当我们离开之后，两个人又大吵一架，差点闹分居。这位太太对丈夫的厨艺和好客行为不满意，却不应该这样不假思索地指责，一个陌生人都受不了伤人的话语，何况是满心期待的丈夫呢？

其实，在生活中，像这位太太一样的女性有很多，她们在表达方面有这样那样的缺点却不自知，在与人交流时没有把话说圆满，从而丧失了令自己成为万人迷的机会。相似的例子有很多：吃醋的男友询问女孩子的动向却被反唇相讥，女职员之间非议同事、乱传八卦，明明想道歉的人却加大了对方的怒火，一时失言导致失去一个大客户……身边的例子还不够多吗，当女性们为了自己的外表费尽心思的时候，是否想到自己的说话问题。

有魅力的女性是应当有一副好口才，她不需要滔滔不绝，不需要脱稿演讲三个小时，而是要善于倾听，判断出对方有兴趣的信息是哪些，从而把话说到听话人的心里。懂得管好自己嘴巴的女人才是成熟的女人，才能获得成功和幸福。在中国有一句很有道理的话叫作"祸从口出"，是说不恰当的言辞会招惹事端，同理，稳妥、适时的话语也可以带来好运。

有头脑的人善于与别人产生共鸣。一个心理学家曾经说过，共同语言是社会交际中的灵丹妙药。聪明人会找到自己和对方的共同点，从而加深感情。如果想成为说话方面的高手，就要在"交心"方面下些工夫了。试着去接触对方的思想，和对方谈论他感兴趣的话题，会使你在交朋友、谈工作方面取得事半功倍的效果。

有一个从事汽车销售的朋友是他们行业的明星推销员，他曾经说过年轻时的一次销售经历。有一天，他正领着一个年长的客户看车，健谈的客户从自己的生意说到家庭、从女儿的叛逆期说到儿子上学期的成绩。朋友当时还是一个年轻的小伙子，没有妻子和孩子，一时间竟然搭不上话。再这样下去，客户就会因为所谈无味而不耐烦了。

这位朋友灵机一动，从自己的表弟和自己少年时代说起，用小辈的观点和客户大谈子女教育，告诉客户父母教育子女时，孩子可能在想什么。很快，这位朋友就用自己朝气蓬勃的形象给客户留下了好印象，卖出了自己的第一辆车。

随着社会发展，女性也和男性一样做起了同样的工作，当你和其他人对话时，不妨表现出自己最大的诚意，采用迂回战术找共同语言就是一个不错的选择。心理研究发现，当你试图改变一个人的时候，先要和他站在一个立场上，才能减轻排斥心理。女性具有一种天然的温柔和善的特质，如果能把握这一点就更有利于与人交流。

语言表达是一项重要的技能，无论是职业女性还是家庭妇女，她们都羡慕那些口吐莲花的同性，其实语言华美只是口才的一个方面，善于表达的人首先应该是一个考虑周全的人。他们用语言和别人获得很好的交流，自己也能够达到事业和生活上的成功。

在我朋友的公司里有一位很能干的女秘书，他对我说这位女秘书看起来貌不惊人，做事情却非常可靠，三言两语就可以化解一场矛盾。

这位女秘书在接电话方面和其他的秘书不同。有一次我这个朋友正在为一项工程而整理数年之内的数据，当他和助理忙碌的时候，他告诉女秘书："不管谁打电话都说我不在。"

女秘书答应一声便到外间办公室开始工作。我朋友也忙碌起来，偶尔能听到两句她的声音："你好，我们老板不在，请问您是哪位？有什么可以效劳的？"

听到这句话，我的朋友起初还有一丝不解：哪有还没问对方是谁就直接说老板不在的？

过了一会，助理突然推他，我这个朋友抬头一看，女秘书正在猛打手势给他，口中还在对着话筒回话说："史密夫先生，您的意思是上次合同的一些条款可以再谈——"我的朋友一听是大客户口风松动了，马上示意他来应付，女秘书机灵地改口："正好，老板从电梯进来了，您稍等，我马上请他接电话。"

我的这位朋友及时地和那位重要客户沟通，谈定了一次重要合同。后来我听说了这件事，对他的女秘书大加称赞："你的属下很聪明嘛，要是她和我说'请问你是哪位？哦，卡耐基先生啊，我们老板不在。'我要是脾气不好，当场就会顶回去'怎么一说是我你们老板就不在！他是不是在躲我！'"

有魅力的成功女性善于把话语说到别人的心窝里，让人不知不觉间就跟上了她的思路。在长期的培训班讲课中我发现一个有趣的现象，人们的耳朵对听到的信息会自动过滤，都喜欢"听喜不听忧"。所以当你在说一些可能会造成不愉快的事情时，不妨找些好事铺垫。曾经有一个女士向我说起她的女儿莉迪亚。上中学的莉迪亚在家打扫时不小心把吸尘器弄坏了，当这位女士回到家之后，女儿上前说："今天安妮约我去逛街，我想房间该打扫了就没有去。打扫到最后一间屋子的时候，吸尘器怎么也运转不动了，我就想自己修理，结果……"面对一个懂事的、知道帮助打扫家庭的女儿，就算心疼报废的吸尘器母亲也不会发大火了吧。

职业人士在很多时候说话都是有目的性的，除了锋芒毕露的谈判桌以外，我们发现在很多时候，人们应该懂得隐藏自己的目的性，从寻常事情切入。比如一位化妆品销售员向一个邻居推荐她们的产品时，她说："你看你的黑眼圈和眼袋多么严重，不如试试我们公司的新产品×××，效果非常好，你看我的脸上就没有，就是因为用了它。你要是想要我可以拿到优惠价。"

这时候对方就可能想了：不就是想向我推销东西吗？一上来就揭我的缺点，我有眼袋用得着你大呼小叫吗？

如果换一种说法，和邻居先说起自己的保养方法，吸引了她的注意，让她自动对自己的相貌缺点在意，这个时候再稍微提一下自己用过的产品，效果岂不是比这个好？

《伊索寓言》里有这样一个故事：太阳与北风争论谁的力量比较强大，它们看到路上有个旅人正在赶路，北风说："我们看看谁能更快地叫他脱下外套，谁就厉害。"

北风抢先开始，它用力地对着旅人吹，想把他的外套吹下来。可是旅人在呼啸的北风中感到很冷，把外套裹得更紧了。北风使劲吹了半天也吹不掉，只好气呼呼地停下了。

太阳开始发挥作用，它尽情地播洒着光辉，阳光暖洋洋地照在旅人身上。没过多久，那个人便开始擦汗，感到越来越热，自己把外套脱下来了。

这个寓言对我的触动很大，每当我发现手下人犯错而想大喊大叫时，就会告诫自己：友善的态度比蛮横无理更容易达到目的，和颜悦色会使人的话语更加有说服力。谚语中说"一滴蜂蜜比一加仑胆汁能够捕到更多的苍蝇。"无论你现在是普通的职员还是跨国公司的高级主管，对别人表示尊重和善意永远都会成为你前进的力量。

说话有很多种讲究，如谈吐优雅，设身处地对对方表示关心，如实陈述和含糊其辞并用等等，这些都可以体现你的说话艺术。

在现实生活中，女士们要格外注意自己的语言风度。当一位外表打扮得时尚美丽、风姿绰约的女士出现在众人面前时，大家都会对她充满期待，此时她若是一开口就是粗俗的话语，或是唯唯诺诺不知所云的胡扯，那就大煞风景了。

口才对于人类来说，具有重要的意义，在古代，一句话可以发动一场战争也可以将一场灾难消弭于无形，到了现代，口才同样可以改变许多人的命运。自信的女人，应当懂得如何说话，让自己的语言化作春风，人也随着这项技巧而更加有魅力。

幸福箴言

说话是一门艺术，对于女性来说，更是一种生活的手段。想增加自己的魅力指数？就要拥有锦心绣口。

简单简约，穿出自己的美丽来

穿衣会改变人的命运——好吧，这样说有些夸张，但有的时候真的会有这样戏剧性的效果。要想把自己打扮得让人眼前一亮，服装这方面就不能松懈，当穿上一件俏丽的衣服时，你会发现，人也不由自主变得自信了。

"我喜欢的衣服别人都说我穿着不好看。""上班时老是不知道应该穿便装还是正装。"在平时，我经常会听到身边的女性这样说。偶尔和家人经过百货公司时，看到琳琅满目的商品和热情高涨的购物狂人时，我就不禁感叹：女性的服装种类越来越多了。欧洲贵族小姐的鲸骨裙撑还没有丢掉几年，世界上女装潮流已经一变再变。

要想写一份可供操作的女装穿衣指导至少需要一套丛书，而且是一年一更新的那种。所以，这一节的内容就可以说是一个策略指导，启发你、使你对自己的穿衣有一个大概的想法。

那天，我在林荫道上散步，看到一群年轻人走了过来，看样子是附近的中学在做活动。我随意扫了一眼，注意到了一个像是带队老师的女士。这位女士给人的感觉太刺目了。明明是户外活动，她却穿着低胸衣和裙子，而且色彩鲜艳夺目，在一群人中显得非常扎眼。

我看到这群学生来体验社区义工活动，不过那位老师很明显地与这次活动的主题不符，如果她穿那一身去跳舞我不会有任何意见，但是在当时的情境下，我却觉得她仿佛对活动心不在焉。

虽然我不是一个古板的人，对女士的服装也有很大的接受度，但看到有人穿着的服装与场合、时间、地点不符时，我还是会有一点不舒服。可惜我不是女装设计师或是模特指导，否则我一定尖叫着"你怎么能穿成这样！"

世界上80%的服装都是青年女装，这给了女人很多选择，但是也带来了选择上的困惑。

15岁以下的女孩拥有无穷的青春活力，服装只是她们身体的陪衬。但是当女孩变成女人之后，着装就开始成为一个重要的问题了，没有人会因为年纪轻而体谅你穿得乱七八糟了，甚至会有人因为你的服装土气而出言讽刺。为了增强自己的自信和骄傲，女人们要对着装有个大概的认识才好。

有一次我到培训班去讲课，有一位罗宾逊女士向我咨询她要去一家大公司求职的想法。我积极地鼓励了她。不过，在她决定要去为面试准备一件新装时，我却对她的意见表示出了反对。

我对她说，她的气质非常好，第一次见到她的人都会把她当作地位出众的女性，但是她平时挑选的服装却十分呆板，把她的气质弄得不伦不类，如果她仍然是挑选同类风格的服装，恐怕就会把自己埋没下去。在我和其他讲课老师的建议下，这位女士最后改变了自己的想法。

一周后我们再次见到这位女士时，她已经换了工作，那天的她穿着一件带条纹的新颖套装，端庄却又充满活力，整个人的气质也被衬托了出来。

"卡耐基先生你好！"她兴高采烈地打招呼。

我看到她，有些惊讶，"罗宾逊小姐，你看起来变化真大。"

"是的，我为自己重新设计了形象，我相信您的眼光。"她告诉我现在工作很顺利，而且主管对她的期望很高。"现在我对着镜子都会想，只要努力下去我真的可以做得很好。"

"这是你的实力在说话，不过新形象也帮了你不少忙。"我赞许道。

有些人把注重打扮的女士说成是"花瓶"，但是想象一下，如果没有花瓶吸引你走近，又怎么会发现里面的内涵呢？一个会着装、会打扮的女士，能够通过身上的服饰体现出自己的内涵和品位，从而获得表达自己的机会，得体的服装更容易获得周围人的赞许和信任。如果一个女孩穿得邋遢遢遢，或者服饰乱搭一气，就算她是个美女，别人也会质疑她的品位。

　　爱美是人类的天性，更是女人的天性。无论是多少岁的现代女性，她们对于时尚都是热衷的，只是步伐不同罢了。追求时尚没有什么不对的，如果选择得当，女性就会使自身整体形象不断进步，找到最适合自己的服装，从而提高魅力。要是乱追一气的话，可能就有被潮流卷走的危机了。

　　五月份的一天，我和夫人受邀参加一个政府晚宴。在赴宴之前的一周，我的太太桃乐丝就为服装做准备，她专门去制衣店定做了一身晚礼服，并和设计师反复商量细节。在成衣出来之后她又根据衣服选配了珠宝和鞋子。尽管做了这些准备，桃乐丝还是在镜子前转了几个圈，感到不自信。我告诉她你很好，美极了。

　　桃乐丝的服装虽然不是艳压群芳，却很符合这次宴会的气氛，庄重而典雅。但是在宴会中还是出现了不和谐的音符，那也是一位女士，她穿着最时髦的短裙，这件裙子我曾经在桃乐丝的精品手册中看到过，非常别致，如果出现在时尚秀场一点都不逊色。可是在这个宴会上，这种着装显然太过轻佻。

　　有人开始窃窃私语，批评这位女士的着装不庄重。桃乐丝也说："人和衣服都不错，可惜不应该这样出现。"

　　女士们在穿衣打扮时，一定要注重得体大方的原则，即使这件衣服不是最新款，但是只要它符合了场合要求，同样是合适的。反之，它再漂亮也是不妥的。

有一次，我因为一些事务去了一趟某证券公司，路过大厅的时候正逢中午休息，在同一间写字楼里上班的人纷纷下楼吃饭。当我准备离开时，看到几个另类的身影。坦白说，她们的形象和气质都不出众，令我驻足的原因是："这是上班时间吧，怎么把家居服穿来了？"

一位抱着文件夹正在上楼的女士穿着半新不旧的白色衬衫，下面配的却是一条牛仔裤。一个身材高挑的女士和很多穿着正统套装的女士走在一起，显然是同事，她穿着普通的便装长裤，在白色上衣外面套着小夹克，如果我在公园跑步时遇到这样的打扮，我绝对不会惊讶。但是——我环顾四周，没错，这是都市中心的商务楼，而且是以金融企业为主的。这个楼里的职业女性着装多种多样，但总体风格都是端庄大方的，而那几位穿成这个样子……恐怕大家都会把她当成临时工吧！当一位投资商为了给自己的资产寻找稳妥投资而来到这里，却发现投资顾问打扮得好像随时要出去跑步一样，对这个公司的印象恐怕会大打折扣。

在职场中打拼的女性在工作时应当选择恰当的着装，对于一些比较严肃缜密的行业，简约的正装是女士们的不二选择。场合对于着装来说是第一要素，你穿某件衣服或许很美，但是走错场合一样会尴尬。

我的一位朋友温迪斯女士是一家女性杂志社的主编，她对于女性着装很有心得，但是当我询问她时，她也摊摊手：每个人的情况不同，无法给出固定的着装模式。女人的服装类型千变万化，可以根据自己的风格选择服装，例如气质淡雅的人就可以选择庄重简约的衣服——也可以根据服装来制造风格。性感影星玛琳·黛德丽的男装倾倒了无数人，数不清的女人为了得到那种冷艳而魅惑的魅力而穿上男士西装，打着领结，展露难辨男女的魔力风情。

个人觉得，女人最有魅力的装束是化繁就简，用最简约的风格搭配出最窈窕的风情。我的一位美术设计师朋友曾经盛赞公司里一位女士的打扮，那位女士穿的是一款别致的白色外套，里面搭配着灰色毛衣，再配上黑色修身长裤，外套上坠着一条长项链，整体显得非常简约大方，可是稍微离远一点，又会发现这身纯色搭配在人群中分外夺目。现代印花技术使得服装的款式和花样越来越多，一位追求魅力的女性不应当被过于繁复的衣服式样抢去风头，记住，衣服永远是为了烘托人存在的，当它的存在令人忽视你自身的时候，就需要换装了。追求魅力的女人在穿衣方面注重协调感，一件花哨的T恤需要一件单色的外衣中和一下，过于繁复的式样不利于突出个人特色，太多的花边和蕾丝更像是个笑话。

其实，每个人都有自己的风格，有的人野性，有的人典雅，有的人冷艳，有的人可爱。想在市场上买到所需风格的衣服一点都不难，难的是如何找到属于自己的风格。我无法和每个读者面对面，告诉她们适合什么样的衣服。如果我说自己很懂，就真的是自吹自擂了，即使是我的太太，她也只能自己拿主意。每个女性都有一种最适合她的色彩和着装风格，合适的服装可以张扬她的优点，掩盖她身上不自然的地方。

幸福箴言

时尚变化很快，但是女人自身的风格却会长久存在。想打造属于自己的独特魅力，就在穿衣品位上多下些有用的功夫吧。

魅力诱惑，打造自己的女人味

　　魅力是每个女人都追求的，世上有多少个女人，就有多少种魅力。当女人在为自己与某人不像而烦恼时，其实是在否定自身独一无二的特色。不管你是怎样的女人，只要用心，就可以打造出属于自己的魅力诱惑。

　　"我想做一个优雅的淑女，可是我老是静不下来。""我长得不丑，可是为什么交不到男朋友？""我的丈夫对我感情越来越冷淡，我是不是不再吸引他了？"在生活中，很多女人都在魅力方面遇到过大大小小的问题。有的人为自己是否有魅力而疑惑，有的人因为自己魅力下降而恐慌，你呢，对于自己的魅力完全自信吗？

　　我曾经有一个邻居，马蒂小姐，她在少女时就是英格丽·褒曼的影迷，她会疯狂地写十几封信投递到英国，收信人只有"大不列颠，英格丽·褒曼"。马蒂坚定地认为这位影星是世界上最有魅力的女人。但是与这份狂热相反的是，她在自己魅力方面十分自卑，总觉得自己是个丑小鸭。

有一天，马蒂小姐穿了一件雪白的长裙上街，当她回来时我在门口遇到她，发现她的裙摆上沾了不少泥土。"马蒂小姐，你和人打架了吗？"我开玩笑说。

她很不好意思，"我在商店的橱窗玻璃里看到了自己的影子，穿这件衣服不太好看，我就回来了。这些泥土是在公园绕路时沾上的。"其实，她不说我也能猜出来，马蒂小姐是怕人看到自己"丑"样子故意走的小路。以后又有几次相似的情况，马蒂小姐因为对自己的魅力极度不自信而收回了社交的步伐。在她毕业舞会的前一天，她的母亲马蒂太太来向我寻求帮助，因为马蒂小姐连舞会服装都没有准备，好像是不敢参加。我请马蒂太太转告她的女儿："马蒂小姐，你知道自己最大的魅力在哪里吗？就是你素雅的容貌和羞涩的表情，在一大群浓妆艳抹的人里面就像一朵圣洁的白玫瑰，如果你没有魅力，那别的同学可以去跳大西洋了。"

后来，马蒂小姐打扮成天使去参加了毕业舞会，并在之后的大学时光里大放异彩，成为校园明星。

在现实中，有很多人像马蒂小姐一样，认识不到自己的魅力所在，失去了表现的机会。还有一些人过于随心所欲，不知道培养魅力。当我看到一些女性把自己打扮得邋里邋遢，吃东西吃得四处飞溅，毫无形象地吵架时，我就深深地遗憾，这些女性忘记了自己的魅力，失去了更加幸福的机会。

曾经有人对女性提升魅力有异议，一位支持女权运动的小姐对我说，什么魅力？不就是用来吸引男人的吗？我们不需要为男人的眼光改变！

可是这位小姐请想一下，当你看到一个邋遢粗鲁的女性时，会认为她尊重自己了吗？每个女人都应当是美的，这份美可以说是给别人看的，也可以说是送给自己的生命礼物。

如果有人质疑魅力对女人的重要性，那么我可以告诉他：魅力是女人全部可贵之处的集合。品德、修养、谈吐、恰当的外表修饰都可以成为女人魅力的一部分。拥有魅力的女人总是自信积极的，她们爱自己，也惹人喜爱，在工作和生活里无往不利。

我曾经慕名去邀请一位培训讲师乌玛夫人到我的培训班讲课。当我来到那位女士的课堂进行观察时，我感受到了这位讲师的魅力。

在第一眼看到乌玛夫人时我不禁有些惊讶。因为在我的预想中，她至少应当是一位相貌端正的女士。但是实际上，说这位大名鼎鼎的培训师外表"普通"都是含蓄的说法。她四十来岁，皮肤很粗糙而且有不少斑，身材胖乎乎的，从她身上几乎看不到"美色"二字。

但是当我坐了十分钟之后，耳朵就不由得竖起来，和其他学员一样专心听讲。乌玛夫人的魅力在和她谈话之后才会感受到。乌玛不凡的谈吐彰显了她的博学卓识，滔滔不绝而又妙语连珠的授课又使她全身散发出知性的光辉，虽然她看起来有些臃肿，但是当乌玛在学员中间走来走去、激情澎湃地演讲时，人人都觉得她风度翩翩。

我深信这样一个观点：女人都有属于自己的魅力。而在乌玛夫人面前，我看到的是她洒脱睿智的一面，虽然她的外表缺乏吸引力，但她用自己的头脑和口才补充了这个不足。因此，每个认识她的人都说她非常具有知性魅力。

想成为一个有魅力的女人，要学会锻炼自己的气质。气质是一种人格魅力，她超越了外貌和服饰的限制，是女人身上最先吸引人的东西。许多明星和超级模特看上去并不漂亮，但是出众的气质使她们走到哪里都不会被埋没。如何才能改变自己的气质呢？很多女性都想这样问。

首先，要做一个有格调的女人，不在庸俗的生活里沉沦。生活空虚的女人任何装饰物都不能把它变美。想变得光彩四射心灵就要足够强大，有追求、有理想、懂得享受生活的女人才有魅力。

然后，还要注重自己的言行举止，这在前面已经谈到了。女人做这些不是"伪装"，而是发自内心的修养，如果你只是一个惯于在公众场合假装举止得体，私下却粗鲁不堪的人，那么你的气质也只是浮动的。

在纽约一家经纪公司有一位出众的模特，许多广告商都愿意请她去拍广告，数位奢侈品设计师抢着要她做自己的品牌模特。这样一位女性到底拥有多么美丽绝伦的容貌和身材呢？

不过，一般人第一次见到她时会感到迷惑，因为不知道该如何形容她的相貌。她并不丑，但也说不上漂亮，她的皮肤是小麦色的，眼睛细长，鼻梁略高却也不像一般的白种人那样挺直，在颊角还有一块呈棕色的肤色不均缺陷。如果要给女人外貌打分的话，她大概只能得60分。

这位模特长相独特却不美艳，但是我的设计师朋友却极口称赞她：当这位女性站在你面前时，你会感到一股野性的华丽美扑面而来，她仿佛能够掀起一阵来自荒野的狂风，她的一动一静就像流动的油画和精美的电影画面，瞬间将人征服。

我曾经见过这位模特的一张平面照，她抿唇默然远望，卷起的裙摆像海浪一样凝重而圣洁。

这位模特是有魅力的，她的魅力在野性美和华丽脱俗之间，正是因为这种奇迹般的调和起来的气质使她成为时尚界的宠儿。面对这位模特，设计师们总是能迸发最激越的灵感。

一个女人如果天生就拥有不俗的气质，那应该对她说声恭喜，但这并不代表万事大吉。我见过许多女性，她们不美，而且衣着奇怪，却散发出独特的魅力。这是从生活中历练出来的女人味。一个受过文化熏陶的女人比寻常人拥有更多味道。在图书馆浸泡四年读遍名著并写出不错心得的女人，和一个整日购物享乐的女人站在一起，在气质上立刻显出差别。一个在职场打拼数年、自信独立的女性和一个没有职业理想和追求的女人即使互换衣服，气质也是迥异的。所以，如果想得到魅力，就要积极地参与到人生当中去，为自己找到一个人生目标，整个人才能拥有内涵的魅力。

即使不是传统教育方面的修养，女人至少学会一些东西。在20世纪伟大的电影女演员里，有很多位女性没有受过高等教育，但她们同样气质不俗，因为她们在演艺世界里已经尝遍了百味人生。著名女演员贝蒂·戴维斯曾经有过一次有趣的经历。她最初是一名舞台剧演员，1930年被环球影业公司邀去好莱坞试镜，但是当她到达时，电影公司派去的人居然没有在火车站找到人，因为他们在站台没有看到一个像电影明星的女人——贝蒂当时的形象是多么的大众化可想而知。但是十几年之后，她在演技和人生阅历方面已经非常丰满，就再也没有人说这样的话了，她已经变得光芒四射，散发出掩盖不住的美艳。

有一位已婚女士曾经向我咨询她的问题。在咨询过程中，我发现她性格冲动急躁，总是和丈夫吵架。于是告诉她，她需要"温柔明理"的魅力，建议她控制自己的情绪，找一些有意义的事情来做，与人相处时和颜悦色，过了一段时间以后我发现她整个人变得柔和多了，也有了亲和力。

虽然社交界喜欢端庄大方的大家闺秀，但在女人的世界里，女人的风情是多种多样的。

女人的魅力有很多种：高贵脱俗、自信强势、温柔可亲、俏皮可爱、活力四射、端庄优雅、小家碧玉等多种多样，那些打扮得有些另类的摇滚歌手也同样是充满魅力的。想变得有女人味没有现成的规则，女士们最好先试着找到最适合自己的女人味：我是优雅型的、冷艳型的、可爱型的……甚至是中性魅力的。找到自己的定位点，然后朝着自己能够达到的方向发展。

现在走到镜子面前，看看自己的脸和身体，自己拥有哪种特质呢？是像蒙娜丽莎一样神秘还是普通的邻家女孩那样的可爱？

幸福箴言

世上有魅力的女人很多，难道你不想成为其中一个？从此刻开始，改掉缺点，培养优点，提升自己的气质涵养，做人人心悦诚服的魅力女性。

爱我所有，彰显自己的自信美丽

在这个世上，爱自己的女人值得更多人的爱慕。一个爱护自己、尊重自己的女人即使不美丽，也可以成为传奇。

曾经听到周围很多人抱怨自己，"我太笨了，人也不好看。""为什么我就不能苗条一点呢？""我想当一个歌唱家，可是我的声音却不好听。"……诸如此类的抱怨每天都会听到一些，归结到一点就是：对自身不满。

虽然说对现状的不满会使人产生前进的动力，但是有些不满同样也会干扰我们的生活。在现实生活中，很多女性对上天赐给的这个"自我"求全责备，甚至因此丧失自信。其实，女士们试想一下，当你对着镜子自怨自艾的时候，你是变得更幸福一点还是更难过一点呢？

在我的书柜里有一本书是买给女儿的——英国小说《简·爱》。这本举世闻名的著作讲述了一位令人尊敬的女性的故事。她生活坎坷，只是一个普通的家庭教师，外表也不美丽，但是她的自尊却征服了男主人公罗切斯特先生，最终二人走到了一起。

简·爱曾经说过一段话，成为旷世名言："难道就因为我贫穷、卑微、不美、个子瘦小，就没有灵魂，没有心了吗？——你错了。我也有和你一样的灵魂，和你一样的一颗心！要是上帝赐予我一点美貌和充足的财富，我也会让你感到难以离开我，就像我现在难以离开你一样。我不是根据习俗、常规，甚至也不是血肉之躯同你说话，而是我的灵魂同你的灵魂在对话，就仿佛我们两人穿过坟墓，站在上帝脚下，我们彼此平等——如同我们的本质一样。"

简·爱的一段话不知道激励了全世界多少女性。简·爱很勇敢，她看到了自己"贫穷、卑微、不美、个子瘦小"，但是她并不抱怨，她认为自己和有钱、有地位的罗切斯特先生是平等的，用自己的自尊坚持和罗切斯特先生进行平等对话。

简·爱这样的女性让我钦佩，当她最终赢得自己的爱情时，我想这样自爱的女人值得别人去珍惜她。

不是每个人都能生有一副美人面孔，也不是所有人都可以含着金汤匙出世，这注定了大多数人都是普通人。女士们，当你们抱怨自己身材不好，长相不美的时候，其实是把自己否定了。一个一直否定自己的女人，怎么会产生"魅力"这种需要自信支撑的力量呢？

我曾经开设过一次演讲培训班，学员们要轮流进行试讲。有一个女学员总是对自己的表现很挑剔。在她进行演讲之后，无论我给出什么样的评价，她都会陷入沮丧之中，当她看到别人的演讲时更是会情绪低落。

她经常抱怨自己表现得不够出色，不够完美，付出的努力得不到回报。确实，她一直在努力，但是因为过于焦虑，她的演讲水平比起从前来反而退步了。在这种打击之下，她变得更加烦躁，抱怨的也越来越多。

一次下课之后，这位学员找到了我向我倾诉自己的苦恼，她说："卡耐基先生，我是不是比其他人都要笨呢？为什么别人可以大大方方地上台演讲，只有我一站起来就忘词，手脚都不知道往哪里摆，根本开不了口？我这样笨拙胆怯，真的成为不了一个优秀的演讲家。"

我想了想，对她说："为什么你总是盯着自己的缺点呢？不是那些缺点使你演讲效果不好，而是你不自信，你根本不相信自己能做好。多想想自己优秀的地方，你会发现你有当一个演说家的优势。"在接受了我的鼓励之后，这位女士不断进步，后来成了一位非常优秀的学员。

一个快乐的女人应当是一个爱自己的女人，爱自己就要爱自己的全部。在我眼中，一个人要先爱自己，然后才能成熟起来，变成一个有魅力的人士。

曾经有一个小女孩，她在出生之后就出现先天不足的病弱，后来又因为疾病失去了双臂，变成残疾人，但是她一直都很乐观开朗。小女孩在小学时曾经在课堂上的黑板上写下自己的"宝贵财富"：我很可爱，我有一双长腿，我的爸爸妈妈都很疼爱我，我的小狗很听话……

当小女孩在黑板上留下这些字迹的时候，课堂上健全的孩子们沉默了，他们被这个热爱自己拥有一切的乐观女孩深深打动。

小女孩虽然还小，但是她已经懂得珍惜自己拥有的一切，没有双臂怕什么，我还有双腿。

懂得喜欢自己的女人，是聪明的女人，因为她们知道，在这个世上能够成为自己最坚实后盾、让自己欢笑、奋进的人永远是自己，一个人来到这个世界自然会有她存在的价值。你就是你，无可替代的你。人身上所有的一切都是上帝赐给的礼物，当你爱自己所拥有的事物时，你会发现人生其实充满了喜悦。

女士们，请珍惜自己的本色吧，有时候，那些所谓的"不足"恰恰是你最珍贵的宝藏。

我的朋友曾经和我说过这样一件事：他的影视公司曾经起用一个新人模特罗安娜，这个新人在平常人看来几乎没有什么出众的地方。她出身于洛杉矶的普通家庭，经济条件不佳，在暑假里还要打工，罗安娜对时尚界的事情一无所知，也不会化妆。最要命的是，她的侧脸上有一块黑色的胎记，并且非常显眼。

然而公司的老板却对她寄予了厚望，努力把她推荐给许多公司。在最初的一段时间里，罗安娜的材料总是被拒绝，那块胎记也成为她被人轻视的源头。有一次，罗安娜获得了一次面试机会，但是当她去的时候，对方看到她的脸，很不客气地说："你给我把这块胎记弄掉再来吧！"

但是罗安娜却没有因为对方的嘲笑而自怨自艾，她回应道："你在说什么？我为什么要弄掉？"虽然这块胎记给她带来不少阻力，而且做手术去掉胎记很简单，但是，罗安娜却没有动过去胎记的念头，她坚信完整的自己就是最好的。这种想法获得了公司老板的支持，老板对她说："以后你出名，全世界看到这块胎记就能叫出你的名字。"

后来，罗安娜真的走红了，她成为一名家喻户晓的超级模特。她独特的相貌也成为时尚的代表，那块胎记也被作为神秘和性感的象征风靡一时。

如果罗安娜追随了潮流，否定了自我，那么她只会成为

稍纵即逝的流星，即使走红一时也很快就会在人群中淹没。但是她保留了自己最大的特色，珍惜完整的自己，最终获得了成功。这份勇气难道不值得我们赞许吗？

或许你并不完美，但比起那些遥不可及的东西，自己此刻拥有的才是最真实的，与其去羡慕那些，不如珍惜现在。所以，我希望女士们能够明白，无论你是以什么样的面貌出生的，请珍惜你现在拥有的一切。不因为自己得不到的东西而哭泣，这才是聪明的女人。

我的一位女性朋友曾经和我讲过一个女演员的婚姻故事，她结过六次婚，却一直没有得到幸福。这位女星在二十多岁刚刚走红的时候就与一个作家结婚，后来在她成名之后，两人之间出现了裂痕，最终离婚。

后来这位女星又结了婚，第二次遇到的是一个成功商人，但是这次的婚姻维系了不到一年就宣告结束，她说丈夫势利庸俗，不会关心人，只知道在商场上钩心斗角。以后，她又数次踏入婚姻殿堂，生活却一直都不幸福。

后来她在和我的这位朋友倾诉时说道：当初她走红以后，身边献殷勤的人一下子就多了起来，她就飘飘然了，看谁都比自己的丈夫体贴、能干。可是在多年之后，她才发现，后来遇到的人竟然一个个都不如自己的第一个丈夫。原来她原本拥有的东西才是最好的，却已经失去。

在日益喧嚣的社会里，人们的欲望越来越大，对事物的不满也越来越多，很少有人愿意停下追名逐利的脚步。我每

111

天坐在办公楼里看着周围的商人、律师、明星忙碌，他们虽然已经得到了许多财富和名望，却依然为自己不能更进一步而苦恼，整日闷闷不乐。

就像是民间谚语所说的那样，当一个人有99只羊时，他却烦恼：为什么不再多一只？如果我有100只羊那该多好！他这样想的时候，连拥有99只羊所带来的乐趣都已经失去了。

女士们也是如此，当她们拥有健全的身体时，会因为长相不美丽苦恼；当她们拥有青春活力时，又会因为没有过人的财富而不满；当拥有一份好工作时，又会因为没有空闲时间烦恼；当她们事业得意时，会忍不住羡慕别人有丈夫疼爱……

其实，换个角度想，或许你没有美貌和财富，但是你拥有的东西很多啊。健康的身体、敏锐的头脑、热力四射的青春、温馨的家庭、过人的工作能力、体贴的丈夫、乖巧可爱的孩子……只要你拥有其中一种，就已经足够你享受一生，何必为了那缺失的部分哭泣？

幸福箴言

珍惜自己现在拥有的一切，即使不完美，即使是苦难，它们在未来都会成为你宝贵的财富。女人如果想获得充实的心灵，不妨为已经拥有的而满足。

小小叛逆，展露那些特别的风情

女性的风情千变万化，你可知道除了端庄贤淑之外，女人还有另外的特性充满了吸引力？那些就是为生活做调剂的女人的小小叛逆。当女人不同寻常地展现出自己的叛逆，往往会收获到意想不到的效果。

当人生熟悉了程式化的生活之后，突然出现一个小小的岔道，追求刺激的人们就会感到很过瘾。在社会交往中，人的性格也有相似的情形。"她不是一个乖乖女。""我总是有新想法，我不觉得自己非要迎合别人不可。"世界上动人的风情，既是玫瑰，也是玫瑰上的刺。因为有刺，玫瑰充满了刺激的危险意味，变得分外诱惑。女性也是如此，当乖巧女孩看得多了，偶尔见到一个另类的女性，人们就会不由得眼前一亮。

某些女性，她们引人注目的原因是她们很"特别"。无论是在生活中还是在事业上，她们特立独行，开辟出自己的一方天空，展露出别样的风情。

在我的培训班我曾遇到过这样一位学员，她给人最大的感觉就是咄咄逼人。这位年轻的女士名叫艾达，言谈犀利、见识深刻，普通的男士在她面前往往走不了几招就败下阵来。

有过几次，我在上课的时候说起了一个话题，大家各抒己见时，艾达就成为女性学员中非常活跃的分子，她从不随声附和，总是提出自己新颖的观点，其中有些观点还很尖锐，但是她每次都能礼貌而坚定地把意见说完。她是个干脆利落的女孩子，当她在论辩中意识到对方似乎更有道理时，就会很快说道："我已经被你打动了，好，我同意你的观点。"结果对方反而因为她太突然而愣神。

艾达虽然不是这些学员中最优秀的，但是她的独特风格却给很多人留下了印象，后来听说艾达拒绝了某大公司的聘请，进入了一个新兴公司当销售主管。在培训班结识的朋友询问她原因，艾达回答这是因为新兴的公司正处于开拓阶段，她喜欢亲手开拓出崭新局面的感觉，而且那里的上司很赏识她。

"不过，老板赏识归赏识，我们遇到不同意见时照样会争执起来，我也不知道他可以忍受我多久呢。"她虽然这样说着，眉眼中却满是笑意，并没有丝毫的担忧。

我想，这样有个性的女性不管走到哪里都会引起人们的注意，即使她身上没有传统女性的温柔大方，但是她爽快尖锐的脾气却像一块打着"叛逆"标签的磁石一样，吸引了很多人与她交往。

曾经有一个杂志主编一本正经地对她的下属说："一个女人，如果没有美貌，就要有气质，如果没有气质，就必须要有个性，总之不能做掉在沙堆里就找不到的沙子。"

我的一个朋友西蒙曾经和我讲过他和女友之间的一次趣事。他的女友原本是一位相当开朗大方的女性，和他相识已经八年了。在二人已经熟悉得不能再熟之后，生活开始变得有些无趣了。有一天，西蒙出去和朋友吃饭，谈得兴起，又一次迟到了和女友的约会。当他来到约会地点时却发现女友已经离开。可想而知，在被忽视了很多次之后，他的女友生气了。到了第二天，西蒙发现女友完全换了一副装扮，原本端庄贤淑的打扮被换成了性感魅惑妆，从那天起，女友开始了"独身生活"，不理睬西蒙，工作作风也变得强势。她对西蒙说："女人还是靠自己比较好。"女友开始风风火火地生活，学会了抽烟，学会了在酒吧向陌生人挑眉。她开始在西蒙问她下班有什么安排的时候撇撇嘴："我不告诉你。"西蒙大吃一惊：这还是他熟悉的人吗？在短暂的不适应之后，西蒙决定把这当作恋爱中的一次考验。他解释说："这是她的叛逆期到了，我觉得也挺有意思的。"

看电影的人都知道，淑女的魅力光环往往会被惊鸿一瞥的女配角夺去，冷艳高傲的反角美女反而更令人记忆深刻。

香奈儿品牌在世界范围内令女性为之疯狂，即使我对女装没有什么感觉，也曾经听说过这个名字。建立了女性时尚王国的可可·香奈儿，她的人生就是一部叛逆的传奇。当我看到这个女人的故事时，她正重返巴黎，准备东山再起。

香奈儿的一生充满了矛盾、夸张，甚至谎言。她有爱情，却没有嫁给任何一个人，因为她不相信男人。香奈儿在她的青春岁月里就学会了与男人周旋，把男人当作生活的调味品。她最爱的男人亚瑟为了和贵族千金结婚离开了她，并出资给她开了一间自己的女帽店，香奈儿放弃爱情接受补偿，这成为事业的起点。香奈儿的信条是自主，想做的时候会按照别人要求去做，不想做的时候谁也别想强迫我。她的叛逆和自主成为一个时代的风向标，与欧洲的波伏娃、萨冈、邓肯等自由女性，成为新女性的标志风景，而她设计的服饰也因为充满了叛逆的风情而广受欢迎。

一位女性可以做个乖乖女，但是单调的魅力会随着熟悉感的增加而逐渐淡化。而一个拥有新鲜念头，时不时表露一下叛逆的女性，却使外界对她充满挑战的欲望。

曾经见过一位优秀的女士，她是一家中学的女校长，是个女权主义者。当你看到洒脱大气的她时，很难相信她的父母在她幼年时只是想把她培养成大家闺秀嫁进豪门。这位女士拒绝了家中的安排，不去参加贵族小姐云集的沙龙，成为传统家庭的叛逆者。

长大之后，这位女士一路读书，在学校因为反对种族隔离而成为风云人物，后来她从哈佛拿到了数个学位，得到了丰富的知识修养。当她踏入社会之后，仍然保持她先锋的势头。她参加民权游行和反战游行，把学校变成了宣传种族平等的中心。她曾经说过："我是一个叛逆的人。有人告诉我说这是一个男人的世界，但是我不相信。"而这位女士也因为她大气的行动成为著名的政治活动家，被称为当时最有魅力的女性之一。

虽然说叛逆的女性具有一种危险的美感，但是在生活中，人们通常会觉得叛逆会带来麻烦。所以，如果女士们既想保有魅力又不想被视为异类，不妨偶尔展露一下叛逆的风采，当然别过头就好，毕竟不是小孩子了。

我的一些在时尚圈的朋友，曾经说过他们设计的灵感之一就是叛逆元素，过于夺目的艳丽、冷峻的暗黑、打破正统的款式这些都是设计者的大爱。一些看上去就不应该穿着出门的服装反而会成为新的流行风尚。这一点在人的性格方面也有共通之处。女性稍稍露出一点棱角就很容易在人群中脱颖而出。当女性循规蹈矩生活了一段时间之后，试试叛逆一下，穿上平时不会穿的衣服，说平时不常说的话，告诉外界我不是一个老实呆板的无趣人物，不愿意随声附和、人云亦云。叛逆的女性往往是倔强的，即使是顶头上司，她也会痛快淋漓地阐述不同意见，挑战权威。如果你没有叛逆过那么一回，可能公司里的人直到你辞职都不记得你。

叛逆的人喜欢剑走偏锋，她总是能找到人们注意不到的地方，从而发现新创意。一个看似寻常的职业女性，却可以找到充满野性粗犷的主题酒吧，喝平常人想不到的酒类。当办公室的人习惯了按照固有模式开展新的工作时，身边的女职员却提出一项大胆的设想"广告公司是靠创意活的，再沿袭去年的点子大家等着关门吧！"你会不会觉得这个女人很叛逆，充满了谜一样的魅力？

一名富有魅力的女人应该是拥有思想和丰富知识的人，当人们熟悉了循规蹈矩之后，女人却露出了思想上的峥嵘棱角。不过，这点棱角却是要经过仔细选择才留下的，你可以桀骜，却不必自吹自擂，思想可以狂飙，行为却不应堕落。

在日常生活中，一点小小的叛逆也可以为女人的魅力增加特别的花样，成为生活的良好调节剂。许多人认为叛逆是不成熟的表现，但是在我看来，有时候叛逆也是一种诚实，如果对人无害，这些叛逆偶尔出现一下也不错，正好表现了女性的活力与生机。

幸福箴言

女士们，当你看到当季流行搭配是叛逆风情的时候，心里是不是也在蠢蠢欲动，想突破一把呢？其实叛逆很简单，只要你有旺盛的生命力和洒脱的性格，就可以让自己更加具有风情。

保持神秘，女人就要让人猜不透

蒙娜丽莎的微笑举世闻名，无数的人为了那浅浅的一笑而神魂颠倒，原因何在？神秘感。蒙娜丽莎笑得悠远而神秘，引得观画者产生了美妙的联想。现实中的女人如果也为自己增加一点点神秘感，是不是也会有同样的效果呢？

有一次，我在发表演讲之后，遇到一个朋友，他兴冲冲地告诉我一个消息，他要结婚了，请柬不久之后就会寄到。

我有些奇怪，这位朋友之前总觉得自己还年轻，一直都没有结婚的意向，如今他是被哪位出众的女性俘虏了？

朋友回答了我的疑问，他说："玛利亚真是一个特别的女人，她的气质很孤傲，初次见面时几乎对我没有什么热情，在几次见面之后才勉强和我约会。

当我逐渐了解她时就越来越觉得无法自拔，她头脑聪明，喜欢古老的书籍，拥有很丰富的知识，却不喜欢对我透露多少，我觉得我永远都不猜不到她下一次会给我说什么有趣的事情。她对自己的工作很认真，所以一周只能和我见一次面。当我发现我总是想念她的时候，我就知道：我陷入情网了。于是，我带着花束穿越半个城市跑去和她说结婚吧！"

后来桃乐丝告诉我说，我的朋友是被那位女士的神秘感吸引了，也许他未来的新娘不是特别的美貌，但是那若即若离的情趣和让人想不到的内涵却产生了巨大的吸引力。

我想，神秘感对于人心来说真的是一种有力武器，电影和小说中那些带着疑云出场的人物总是能够激起观看者最大的兴趣。为了增加魅力，女士们也试着保有一份神秘感吧，尤其是在面对恋人的时候，还可以使爱情保持新鲜感。

据性心理学研究，男人往往喜欢有神秘感的女人，神秘感对于男性来说是一种性感元素，虽然这种元素比较虚无抽象，却在社交中屡战屡胜。女人的神秘感就像是一件若隐若现的纱衣，让人浮想联翩。无论你是否重视男性的眼光，在社交中守住一份神秘感对自己都不会有坏处。

女人若是想带有神秘感，就千万不要做一个聒噪的女人。话太多的女人是不会有神秘感的，对于职场人士来说，在写字楼茶水间里传播八卦的女职员，她们的魅力永远小于隔壁部门经常过来送文件、却很少说话的女同事。

根据我和朋友们多年的切身经历，有一个小小的建议可以给各位女士们：不要太过于满足社交对象的好奇心。在任何时候，"知无不言，言无不尽"的社交态度都是危险的。

不管是对谁，都不要把自己的经历赤裸裸地暴露出来。

我的培训班里聚集了形形色色的人，其中一个叫做安娜的富家小姐，她来上课时经常向讲师倾诉烦恼，有一次她告诉我说她对自己的朋友有怨言。

安娜说："我有几个无话不谈的女性朋友，每次我交男朋友都带他去和我的好友们见面，一是想得到姐妹们的评价，同时也希望男友和朋友们能互相结识。可是这种做法给我带来了不少烦恼。我上一个男友鲁道夫和我的好友莉莉认识之后，他们就说起我来。莉莉把我的很多事情都告诉鲁道夫了，其中有很多是我不想他过早知道的。莉莉还说起了我之前几个男友和我的交往情况。得知鲁道夫知道这些事，我一看到他觉得尴尬得要命！自己就好像被照了 X 光一样，什么都被人打听到了，还有什么意思。"

我听了她的事情之后，对她说："这件事你也有责任，在社会交往中最好不要把什么事情都告诉朋友，尤其是那些口风不严的朋友。好好思考一下自己带男友去给朋友看是不是有炫耀的意味？即使不是，你的朋友也可能误以为你在显示自己优越感，出于嫉妒而揭露你的隐私。"

虽然朋友把安娜的隐私散播出去不会造成太大影响，但是她已经在男友面前失去了神秘感，因为过于了解，男友对安娜的缺点了如指掌，对她的魅力反而熟视无睹了。

距离是保持神秘感的法宝，若即若离、捉摸不透说的就是这种效果。在生活中可以和密友亲密接触，但是不要天天黏在一起，即使是男朋友也一样。要让对方知道他不是你唯一能够依靠的人，你还有其他朋友和其他空间可以活动。向社交对象传达"与你交往只是我生活的一部分"的讯息。面对爱人，即使你再爱他，也不要像无尾熊一样缠着他。设身处地地想象一下：有个人天天和你在一起，失去了距离感，对相逢还会有期待吗？

想要保持真正的神秘而不是故作矫情，就要做个有思想的女人，而不是空谈家。有智慧的人永远都能够给人带来神秘感，但是吹牛的人却不会。许多人为了显示自己的本事而夸夸其谈，将自己掌握的知识技能或者是临时凑数的东西滔滔不绝地向人宣讲，如果女人也这样做的话，很遗憾，你的形象已经被自己歪曲成一个说教者了。

在我看来，人的神秘感应该来源于恰到好处的遮掩。女人将自己拥有的智慧掩藏起来，只在需要讨论的时候露出一点痕迹，就已经令人遐想了。神秘感之所以诱人就在于它包裹住了女人的内涵，拦住了别人探寻的目光。而人类的好奇心却会因为阻碍而变得更加强烈，久而久之，对那份神秘就充满了渴望，女人魔幻一般的魅力也就因此诞生了。

尼基和现在的小说家朋友格尔是在酒馆认识的，当时是格尔主动向她搭的话。

格尔后来还能回忆起当时的情形："那天下午下雨了，我闲坐在酒馆里，突然门打开了，一个穿黑上衣的女人拿着一把大伞走进来。她步子很稳，没有左顾右盼，她和一个女服务员说了一会话就准备离开。我看着她脑子里冒出一个念头：这个女人是有故事的。当她准备离开时我就情不自禁地上前拦住她自我介绍。哦，我忘不了那一瞬间她看向我的眼神，深沉里带有灵气，那天的大雨就好像为烘托她的出场而下一样。"后来格尔和尼基成了朋友，在经过一段时间的交往之后，见识过各式各样的女人的格尔也承认，只有尼基永远让人猜不透。

尼基有一头乌黑的短发，而且会定期剪短，她只说了一句"工作需要"就不再提，最后格尔还是忍不住追问尼基做什么工作。尼基就职的部门是一个冷僻的部门，和水利有关，尼基具有高超的专业素质，但是除了一两次聊到相关主题时说起水文地质方面的知识外，尼基不会主动提起这个话题。尼基解释说，她只是不想过多谈论自己的事情而已，却不知道她在别人眼中充满了神秘的吸引力。

女人的神秘感体现在哪里——故事，一个看起来有故事的女人对任何人都有着无穷的吸引力，而这种"故事"往往来自于女性的思想。女性的学问不在于多，而在于如何使用。即使我今天遇到的是常春藤联盟的女博士，我也不希望她和我探讨一下午的康德、林肯等。说太多的学问类东西会被认为是假装，不经意地露出一招半式却会令人刮目相看。

曾经看过一个电影，女主角是一个迷人的贵族小姐，拥有众多的追求者，其中有一个不是最出色的追求者最终得到了她的垂青。这个兴奋不已的追求者不敢相信小姐真的答应了他，激动地问："我知道我不是最好的，可是你为什么选择了我？"贵族小姐嫣然一笑："你有一生的时间可以寻找这个答案。"

为什么贵族小姐会与他结婚，这其中的奥秘想必会成为丈夫一生的谜团。但是人类都是喜欢解谜的，丈夫后半生都会探索问题的答案，即使是到了垂垂老矣的时候，他心中也会有一个甜蜜的谜团。

幸福箴言

神秘感是一种玄妙的魅力，它是女人最有效的武器之一。一个捉摸不透的女人不管到哪里都意味着诱惑和吸引力。女士们，不要再把自己展露得那么彻底了，掩藏是更加绝妙的张扬。

Part 03

让工作成为一种享受

勤奋的女人爱工作，成功的女人会工作。不做埋头苦干的"傻"女人，聪明的女人让工作成为一种享受。

树立目标，让女人更加迷人

一个女人，如果没有工作，她的人生将失去很多的精彩。在现代社会里，一位女性如果能找到事业上的目标，那她的整个人都会焕发光彩。

有许多全职太太，她们每天围着丈夫和孩子转，却没有自己的生活目标。于是，我们经常可以看到这样一些女人，她们衣着靓丽、打扮得很精致，但是总是像与社会脱节一样，她们经常抱怨自己的生活圈子窄，做事情没有成就感，生活枯燥乏味。

其实这些是社会潮流引起的连锁反应，在近代之前，女性外出工作的很少，很多人都是结婚之后就开始做全职太太，即使到了现在，一些国家无论女性多么有能力，一旦结婚也是要辞职回家的。不过，在美国等国家，职业女性已经在女性总人口中占据了主流，大多数女孩子在毕业之后想到的马上是寻求一份工作。可以看出，大多数女性心中都存在着"女性工作是正常的"的念头，一旦失去工作或者是工作不顺利就会感到不快。

我的太太桃乐丝不仅是我的妻子，也是我事业上的好助手。对于她来说，目前的工作已经成为她的事业。有人说工作能够保养女人，一个被家务缠绕的女人总是比不上一个有事业的女人看起来更加积极和有活力。桃乐丝就是如此，她虽然有时会为成人教育工作忙得不可开交，整个人看起来却非常活跃，精力十足。

女士们，我想告诉你们，除非你现在的生活迫切需要解决经济问题，否则，当你决心开创一番事业的时候，最初的目标一定要制订好。要知道，很多人的第一份工作往往会影响他的一生。

维纳小姐是我的一个学员，虽然在培训班里碰面次数不多，但是通过她的作品，我看出她具有一定的美术天赋。曾经有一次，维纳小姐这样向我诉说她的苦恼。

她说："卡耐基先生，我现在在一家贸易公司里做秘书，这是我这种学历低、出身一般的人能够找到的最好工作了。可是我现在总是觉得很厌倦，对工作充满了抵触情绪。不想跑来跑去送文件，不愿意接电话，为了保住这份工作我只能忍住心中的烦闷继续忙碌。"

我听了她的话，就问她："那在你的心中，有没有想做的事情？比如一些你付出努力可以达到的那种理想？"

维纳小姐眼前一亮，但是很快又沮丧了，她说："我一直想成为一名服装设计师，但是我都是自学的，根本没有受过什么专业指导，我觉得自己想进入时装领域简直是痴人说梦。"

我对她说："不，这个理想并不狂妄，只要你下定决心还是可以找到机会的。你现在还年轻，只要不是空想三两年之内就成名，一步步打好基础，一定可以取得成绩的。"

后来，维纳小姐辞职到一个设计师的工作室做了助理，虽然很忙碌，但是她的气色好多了。她精神焕发地告诉我说她现在学到了很多东西，正在着手做自己的第一批独立设计。

从这个事例可以看出，女性走入职场时常常会遇到理想与现实两难的情况，很多人都因为找不到满意的工作而苦恼。每天按部就班的工作，很容易产生倦怠感。从我的办公室看附近的写字楼，每天都会看到一群面色苍白的上班族忙忙碌碌，他们虽然西装笔挺，看上去却缺少激情。各位女士，你们是否也是其中的一员呢？不妨拿起镜子看看自己的脸，虽然化着精致的妆容，却缺乏了一种从内散发的活力和光彩。你是否想过为什么有的职业女性看起来非常有风度，美丽迷人？其中一个原因就是她们找到了努力的目标。

有一天，培训班里的一个学员来和我抱怨她现在的工作状态。她说："卡耐基先生，其实我对于演讲并不是特别迫切，我来到这里是因为我的一个同事，他原本很胆小，很少和周围人说话，连和老板打声招呼都不敢。但是他在您这里培训之后人显得乐观多了，说话办事非常从容自然。因此，我想你一定有令人积极起来的方法。"

我回答她，如果我的培训班有这个作用那也算成功，接着示意她继续说。

这位女学员跟我抱怨："我费了不少劲才找到这个工作，做了一段时间就觉得它很枯燥，但是又不想放弃这份稳定的工作。现在我每天在公司里都觉得很痛苦，作为资历最低的职员，我什么都不熟悉。工作马马虎虎，心情不好，不愿意和同事交流。上班之后就想下班，每晚入睡之前都感到很悲观：为什么明天还要去上班！卡耐基先生，我该怎么办？是留在公司，还是另谋出路呢？"

我给了她一个答案："尽管你不喜欢现在的工作，但是在没有一定目标的情况下贸然更换工作，也只会是和现在的工作一样。不如试着假装喜欢这个工作，为自己在公司订立一个可以达到的目标，比如每天达到什么样的水平，要超过哪个纪录之类。如果做一段时间还是不行，就去做自己喜欢的事情吧。"后来维纳小姐和自己展开了竞赛，每天都争取打破前一天的纪录。慢慢地，她变得越来越有动力，工作效率也提高了。再见到她时，她已经对这份工作产生了浓厚的兴趣，做起来也非常顺手了。

其实，当时在回答这位学员的问题时，我也曾经有过思考，每个在工作中的人是不是都曾经经历过这么一段迷茫的时期？女性在进入社会之后经常会有类似的迷茫。因为社会、习俗、生理等各方面原因，女性的事业心整体来说要比男性弱一些。也因此，她们会遇到很多关于事业上的困惑。

女士们，我想给你们一个建议，当你对于工作感到乏味的时候，不妨改变一下心态，为自己寻找一个努力的方向吧。没有目标的人生是黑白的，找到自己的进取方向之后才会充满斗志。那么，你有没有什么事业目标呢？是要成为政治家、商业高手、杰出的教育者还是技术顶尖的行业精英，不管哪一种，都足以令人对前景产生憧憬。

不过，对大多数人来说，目标定太大不是好事。从一个刚入门的小职员一跃成为一个行业的领军人物，这种目标虽然够雄心壮志，但在具体执行时，如果不能经常保持强烈的进取心，庞大的目标就会转化成压力，不好操作。所以，大家不如制定具体的前景展望，把现在的工作分割一下，为自己设立一个可以达到的目标。女士们，横卧在你面前的工作目标整体看起来有些可怕，那就把它化作每天一点点的份额，比如今天我要拿下多少份额，达到多少个订单，完成多少工作量……然后你就会发现，这些目标很好执行，就像一层层台阶一样，一步步跟进就会获得很大的进步。

随着现代社会的发展进步，越来越多的女性开始走上了工作岗位。女性在事业方面的问题也随之增多。林肯曾经说过："只要你愿意，大多数的人都可以决定自己的生活有多快乐。"在当下，一个女人要想从工作中得到快乐和幸福，先要明确自己想要做什么，自己未来的事业打算落在何处。

露丝女士是纽约商业街一家化妆品店的老板，她把自己的店面经营得红红火火。因为成功的经营，她浑身都充满了魅力，走到哪里都会成为焦点。

当年露丝女士刚刚20岁的时候，她还在一家美容院里打工，作为一个没有经验的小姑娘，她每天的工作就是不停地跑来跑去给美容师打下手，露丝抓紧一切机会向美容师和销售小姐学习。虽然她薪水不多，但是她工作起来却是激情十足，原来，在她心中，有个小小的愿望：要拥有一个自己的店面。

因为对未来有期望，露丝工作得非常卖力，在美容院里很讨大家喜欢，而且她的学习能力很强，所以职位不断上升。虽然销售提成拿了不少，但是露丝却知道在这里发展前途毕竟有限。在几年之后，露丝离开了美容院，开了自己的商铺。

在露丝的努力下，她的化妆品店一步步从最初的十平方米小店发展成为占地上千平方米的化妆品商场。现在的露丝已经完全褪去了当初的青涩，成为一个举止从容、魅力四射的女强人。

只有对工作抱有更大的期望，人才能把工作做得精彩，就像露丝女士这样。否则只会把自己变成一只工蚁，庸庸碌碌、墨守成规。善于工作的女人会给自己订立一个最切实的目标，这样她的工作才会越干越顺心。

在我看来，一位女性工作充满动力的原因：一是她需要工作，并且有工作的意愿；二是工作需要她，她也能在工作中得到价值。只有这两个方面都符合，女人才能在工作中获得快乐，并建立自己的事业。女士们，有目标的人不一定会成功，但没有目标的人却很难成功。所以，一旦你们有了自己的梦想、目标，请你们全力以赴地去完成它。

幸福箴言

有事业目标的女人，比普通女人具有更多的魅力，也许你不信，但是看看身边快乐的上班族里，有谁是毫无目标茫然工作的呢？

沉静认真，女人不变的魅力

　　有女性参与工作的公司会比纯粹男人管理的公司多一些稳妥感，这是什么原因呢？也许是因为女性天生的细心使得她们在工作中比男人多了一份优势。女性朋友们，要把握好你们的这个优势。

　　当女性走上工作岗位时，她会发现女性和男性比起来有很多弱势，体力不如男性，工作能够承受的强度不如男性，在事业发展方面不如男性，在一些社交方面也不如男性。所以，很多公司不喜欢雇佣女性员工。那么，女人和男人在工作上比起来就真的没有优势了吗？

　　有，不仅有，而且有很多。其中一个重要的优势就是女性天生的沉静认真。大多数女性有沉静的内涵，她们沉稳而优雅，在充满阳刚气息的男性工作者当中如同一缕柔细的春风。她们认真细心，在具体工作细节上总是比男人多了几分敏锐。女性天生有优于男性细腻的心思和良好的

133

记忆力，以及敏锐的感知能力。这些特点往往成为职业女性最有魅力的地方。

在我的办公室里有一位女性工作人员，她也是我的助手之一，善于演讲。当她走上演讲台时，她是一个明星一般的人物，时而激情、时而大气，总是能够抓住听众的心。但是当她坐在办公室的时候，她总是沉静的，全身的气质也会变得和台上判若两人，非常内敛。即使她什么也不做，只要她人在那里，就能使周围的人感到环境变得安静而舒适。有心的同事说她具有一种魔力，能够用她温柔却庞大的气场创造出一个安稳的空间。我想这应该就是她最本真的性格。在喧闹的都市写字楼里，这种女性就像是一片淡淡幽香的花瓣，让人不知不觉间已经被她的魅力折服。

在我看来，沉静的女人不一定安静，她的表情可以是丰富多变的，但是本质却锁定在一个"静"字，即使她在大笑，人也是安详的。有人说沉静的女人最勇敢，因为她面对一切变化都不会恐慌。而我认为，沉静的女人最可靠，她会冷静地对待事物，很少被纷繁复杂的事务弄昏头。

有一天，我的一个学员在培训班和我聊天时提到了他上周的看房事情，经过了那件事，他深深认识到女性职员冷静认真的优势。

这位学员叫巴瑞斯，是一家中型公司的老板，资产可观，最近他和太太正计划买一栋别墅，上周和房产经纪人约好了去看房。因为中间要处理财务问题，他叫公司的秘书顺路和他们夫妻二人一起过去。这位女助理已经五十多岁了，是妈妈级的秘书。巴瑞斯心想或许秘书可以就别墅的儿童房装修提一些意见。

当他们和经纪人进入装饰豪华的别墅时，巴瑞斯不由得被这栋别墅内部的豪华气派深深吸引。经纪人热情地介绍说这栋别墅是这片豪华小区仅存的一栋了，非常抢手。门厅采用珍贵的石料做地面，天花板使用实木雕刻，吊灯是水晶玻璃的，浴池全都是一流卫浴，室内装潢也是著名室内设计师主持的。巴瑞斯夫妇一边参观一边听着介绍，也被如同宫殿一样的别墅迷住了。

在经纪人天花乱坠地一通解说之后，巴瑞斯和她的太太十分满意，就向经纪人说回去考虑一下，心里已经打算第二天签约。就在他们走出大门之后，他的秘书开口了，"老

板，购买这栋别墅有风险。"

秘书指出，她在豪华的装饰下发现了一些裂缝，地板下还有白蚁的痕迹，这栋别墅的构造和安全性很有问题。巴瑞斯大吃一惊：怎么自己就没有留意到？之后，秘书又调查了一下之前看房的情况，发现看房者很多，却一直没有人拍板买下。第二天巴瑞斯再次查看那栋别墅，果然发现确实存在很大问题，最终没有购买。如果不是细心的秘书，或许巴瑞斯已经被豪华别墅迷惑，而买了一个有隐患的别墅。

这个学员的事情让我有些感触，生活中一些人说女性在事业上的最大缺陷就是没有气魄，不能独当一面——这个观点当然有些片面，因为现实中也有很多铁腕女子。不过，它也从反面反映了女性在做工作时的优势：不在气魄，而在认真和冷静。

任何人都不喜欢神经兮兮、动不动就手足无措的部属。而在这一方面，沉静的女性具有无可比拟的优势，当男性为了一件事冲动咆哮时，女性已经去寻找解决方法了。

安妮·罗伯茨女士在公司里是少数的女职员之一，在一群男性同事之中她的出现就像一阵春风。安妮认识的几位女性朋友都是一些公司的管理人员，她们喜欢在职场中把自己装扮得非常高傲，让人觉得是女强人，但是安妮没有这样做，她认为应当用女人的本色来展露出自己对于公司的重要性。她对于工作认真仔细，能够找出合同中的疏漏，她制作出的样板总是完美无缺，不需要返工，因此部门那些男人都称赞她的认真，说安妮的工作最让人放心了。

有一次，公司要和另外一家公司合作，双方本来已经商定好了合作条件，也签订了合同，不料遇到了欺诈行为，对方在他们的已经签字的合同书中加进了签约时没有的内容，并且要求公司履行。公司里的人都十分气愤，咒骂对方是无赖，但是气归气，大家都没有办法，只好打算吃这次亏以后再也不与对方往来。这时安妮冷静地重新审阅了合同样本，并且对该公司的具体情况做了调查，发现对方缺少进入某专业市场的资格。安妮迅速将调查结果上报给公司高层，指出了几个解决问题的方法。最后，公司找到了对方违约的证据，申请中止了合同，避免了这次损失。

这次真的是多亏了安妮，如果不是她的冷静和机智，也许公司那些意气用事的人已经做出了错误的决定。而女性对于工作的独特优势也在这次的事故中显露无遗。

许多学校的教师都说，班级里的女生在功课方面总是比男生做得好，因她们学习非常认真，能够专心对待功课。认真和专心似乎是女性的天性，任何一个国家称颂女人的美德，一定会提到女性做事情认真仔细，这种默契令人不得不相信女人的认真是天生的。按照荣格的学说，女性对于事务认真处理的态度可能来自于数万年前氏族群居时代的生活习惯，一代一代流传下来，成为了女性的群体性格之一。

女士们，不管原因如何，当你决心成为一个职业工作者之后，就需要发挥出这种女性魅力了。不需要去和男性攀比强硬的作风，女人本身具有的个性也是男人们追求不到的。与其去追求工作中的强势与激情，不如找到属于自己的风格。

诚然，办事爽快麻利的女人也很可爱，但和风风火火比起来，女性的沉静和认真更加具有美感。

瑞切尔是我的一个朋友，她继承了父亲的丰厚遗产，自己开办了瑞切尔咨询公司。当她开始创业第一步的时候，她遇到了很多困惑，不是没有助手，而是为她出主意的人太多，这个要她把经营目标放到某方面，那个劝她去搞另外一个投资。这些纷乱的指导让她的思路一时间非常混乱。这时，她的母亲劝她雇佣一名经理，把事情交给别人处理就好。

最后瑞切尔真的聘请了一位经验丰富的经理人来管理公司，但是她自己并没有放松下来。瑞切尔开始跟随几个有经验的雇员学习这个领域的知识，并锻炼自己的口才，每天都穿梭在办公室里和各位雇员讨论。对于每笔业务她都精心找出可取之处和不足，为自己的下一步寻找目标。而在瑞切尔的努力工作之下，公司的人都被她感染，大家一起努力，终于在市场中站稳了脚跟，取得了初步的成功。

曾经有人以为瑞切尔只是想开个公司玩玩而已，没想到她却是如此认真地做每一件事。当瑞切尔认真筹备她的公司并为公司发展而工作时，我们都认为她是一个非常具有魅力的女性。

虽然说有的女权主义者认为女性应当随性洒脱的生活，但是不妨想一想，认真其实就是对于本职工作的负责态度，这种态度是没有错的。

女士们，在工作中请把握好自己独特的光彩，无论外表多么的泼辣，请在心中保持一片宁静，很快你就会发现，这种心态令你的工作节奏变得舒缓而顺畅。

沉静的女人笑容优雅、举止端庄，她们经历了种种波折，已经锻炼出了处变不惊的本领，她们从容而大度，对待工作游刃有余。想享受人生，不如让自己成为一位沉静的女性吧。

幸福箴言

女人可以有很强的事业心，却未必要有冲动冒进的工作态度，冷眼看世界，热心做工作，如此，你会更容易获得幸福。

顺其自然，跳起优美的华尔兹

中国古人有一项大智慧，叫做随缘，它说的是一个人不管遇到什么样的环境都要随遇而安，让自己与环境适应。这是一种了不起的心境，它会让人更加快乐。

因为主持口才培训班的缘故，我经常与来自社会各行业的人打交道，能够看到、听到各种各样的故事，每个来到培训班的人心中都有一些疙瘩需要别人帮助解开。在这里我听到了"读了很多年书，突然进入社会要自己管理自己了，感到很紧张。""我的第一份工作是在一个很不起眼的小公司，都不好意思在同学会上说起。""我们经理要进军一个我很陌生的领域，我感觉自己一下子什么都不会了。""我刚刚收购的公司出现了问题，它以往的债务关系和产品销路让我焦头烂额。"……人都活在具体的社会环境里，并非每个人都能够顺风顺水，一不小心就会处在自己不满意的环境里。

那次，培训班里的一个年轻学员来向我诉说她的苦恼，她在大学毕业之后先工作了两年，后来经过层层选拔进入了一家大公司任职，这对于她来说本来是一件好事，但是她却觉得增添了许多烦恼。

"卡耐基先生，我以前在大学里和在小公司里时，周围的气氛是非常轻松的，大家说说笑笑地就把事情做完了，但是当我踏进新的公司之后，我发现这里充满了严肃的气氛，老板是个高深莫测的外国人，一看到他我就非常紧张，马上回头检查自己工作是否有瑕疵。平时上班的时候，我都不敢在办公室说笑，同事们一个个都是高学历、高智商的精英，待人接物总是带着傲气。我不知道在这里该怎么继续工作下去。虽然薪水涨了几倍，可是我的情绪却低落了很多。"

我对这位学员说："那你喜欢这份工作吗？希望在这个公司长期发展吗？"

在得到肯定的答案之后，我告诉她："现在你刚刚进入一个新环境，只有先和这里的环境融为一体，你才能找到归属感，进而发掘出这个公司里独有的乐趣来。不要过于忧心，顺其自然就好。"

几个月之后，我又遇到了这个学员，她兴致勃勃地谈起了她的公司，说起了老板外冷内热的个性和同事间的趣闻，我赞许地告诉她，她现在已经适应得很好了。

许多年轻人在刚刚踏入社会的时候都会对新的环境感到不习惯，即使是已经历练许久的社会人士也会因为换工作、搬家、事业变化等原因面临着全新的环境，有的环境还非常的不如人意。

我通过对历史上的名人进行研究发现，许多做出杰出贡献的人往往生活在恶劣的环境中，但是他们没有抱怨和沮丧，反而在自己生长的环境中发挥出了自己的天才，成为历史天空中冉冉升起的明星。贝多芬的耳朵失聪，但是他却用嘴咬住棍子用它感受钢琴震动带来的乐感。林肯出生在贫穷的家庭，而且经商屡次失败，但是他从来没有放弃过自己，最终在竞选总统时获胜，成为美国人最难以忘记的总统之一。

当初我在写《人性的弱点》这本书的时候，我拜访了很多教育家和心理学家。在我访问芝加哥大学校长罗伯·罗吉斯先生的时候，他告诉我："要想在生活中得到快乐，我知道一个小忠告，这是希尔斯公司的董事长罗森沃先生告诉我的。他说过：'如果只有柠檬，那就做一杯柠檬汁。'"当时我还没有理解其中的伟大含义，但是现在我已经明白了。当一个人发现他所拥有的东西不利时，与其哀叹这贫瘠的财富，不如利用眼前的事物来继续奋斗下去吧。

女士们，当你们走入社会之后会发现，生活不像书本里面描述的那么纯粹，你们可能会处于任何一种环境里，有的险恶、有的美好、有的喧嚣、有的无聊。如果你想成为一个快乐的人，就要试着接受自己眼前的一切，在无法改变的环境中顺其自然。

加利福尼亚州是美国最繁华的地区之一，也是一个沙漠肆虐的地方，州内大片区域都被干燥的黄沙覆盖，其中有一块沙漠叫做莫嘉佛沙漠，附近地区生活的是与都市生活脱节的原住民。战争期间，瑟玛·汤普森的丈夫被派往了莫嘉佛沙漠附近的陆军训练营。瑟玛为了能够和丈夫在一起，也搬到了那里，住在沙漠外围的一个小屋里。但是在最初几天的新鲜感过后，瑟玛就对这个地方烦透了。对于一向生活在城区的人来说，莫嘉佛沙漠的自然环境异常艰苦，白天最高温度达到了华氏125度，小屋里面热得快要把人烤干。沙漠地区的风非常大，干燥的狂风卷着沙粒漫天飞舞，一呼吸就会吸进沙尘，衣服、食物、家具上面到处都是沙土。瑟玛几乎不敢出门。而且令她懊恼的是，住在这里的人都不会讲英语，瑟玛感到自己无法和当地居民交流，只好一个人闷在小屋里面。这样寂寞、无聊的日子对于瑟玛来说度日如年，一个月之后，瑟玛再也忍受不了莫嘉佛沙漠的恶劣环境，她给自己的父母写信诉说了这里的寂寞和恶劣情况，决定要离开这里，否则自己非疯掉不可。

一个星期之后，瑟玛收到了父亲的来信。父亲在信中并没有对女儿的想法表示任何意见，而是告诉她一句话：两个人从监狱的栏杆向外望，一个人只看见满眼的烂泥，而另一个人却看到了漫天的星斗。

瑟玛明白了父亲的意思，把这句话读了一遍又一遍，觉得非常惭愧。她下定决心，虽然莫嘉佛沙漠不能改变，自己却是能改变的。自己一定要留在这里，适应这里的环境，并找出这里的"漫天星斗"。

瑟玛开始以新的眼光看待莫嘉佛沙漠，她不再抱怨沙漠的糟糕天气，也不去想那些恼人的事。瑟玛试着走出自己的小屋，和当地人进行交流，并在枯燥乏味的生活中找些事情做，慢慢地，她开始有了当地朋友，并找到了能在沙漠开展的兴趣爱好。瑟玛的生活开始大变样，经常有人陪她一起聊天，并且送给她一些礼物。在丈夫军营休假的时候，瑟玛会浪漫地邀请丈夫一起去看日落，在沙漠里他们惊喜地发现这里竟然有贝壳！原来这片荒凉的沙漠在300万年前曾经是一片汪洋大海。

瑟玛的生活越来越丰富，她产生了一种把这些趣事记录下来的欲望。于是，她开始写一本小说，每天都写上两三千字。一年之后，瑟玛描写在莫嘉佛沙漠生活的书出版了，并且非常畅销。瑟玛已经彻底爱上了这片地区，即使是后来她随丈夫离开时，还对这里依依不舍。

各位女士，莫嘉佛沙漠的气候并没有发生变化，那里的人也没有发生变化，但是瑟玛却适应了那里的环境，并从茫茫沙漠中找到了生活的乐趣。所以，我们应当明白一个道理，当你无法改变自己身处的环境时，不如就去适应它吧。

在长期的培训工作中，我遇到了形形色色的人，有的人需要我去开解，但有的人却成为我的榜样，给了我很大的教育意义。

在纽约一个区的区议员当中，有一个坐在轮椅上的人，他叫迈克尔，当你见到真人时很快就能认出他来，因为他给人的感觉是那样的温暖。我当初是在电梯中和他偶遇的，迈克尔坐在轮椅上，双腿残疾，脸上却一直都带着温暖的笑容，他说话的时候彬彬有礼，样子也很开心。当我走出电梯时，我已经对这个开心的残疾人充满了好奇心。后来我设法找到他进行了一次访问。

迈克尔告诉了我他的腿是如何失去的。原来，在他24岁那年，他开车上山去砍伐山胡桃木，当他拉着一车木材回家时，一根木材从车上滑落，卡在车轴上，迈克尔立即被弹到一棵树上，这次车祸造成他脊椎骨严重受伤，双腿也因此瘫痪。"从那以后，我没有再走过一步路。"迈克尔说道。

我能想象那种痛苦，在人生最富有生命力的年龄里突然被告知一辈子要在轮椅上度过，这是多么残酷的一个打击。迈克尔告诉我，他在面对这种境遇时也曾经愤恨不已，但是随着时间流逝，他学会了把这件事忘记，坐在轮椅上开始了新的人生。迈克尔开始阅读，在十几年时间里他读了1400多本书，培养出了对文学的爱好，他尝试去欣赏以往自己不感兴趣的东西。他开始感到以往令他打盹的交响乐充满了生命的激情。

坐在轮椅上的迈克尔变成了一个思想者，他用心去看世界并去体会世间万物的价值。因为博览群书，迈克尔开始对政治哲学感兴趣，他关注起了社会问题，参与到了政治活动当中。迈克尔坐在轮椅上给人们发表演说，成为这片选区最独特的风景。迈克尔说："我终于体会到以前努力追求的很多事其实都没有什么价值。"

迈克尔的故事启发了我，迈克尔在身体残疾时接受了这个事实，认真对待自己的人生，当他开始成为政治活动家时他也飞快地适应了环境，成为满面笑容的演说者。各位女士，人生的境遇是多变的，不论你置身于何种环境都可以试着与这个环境同舞。当你进入一个崭新的工作环境时，先要弄清楚自己在这里要扮演的角色，理清自己应当承担的职责。在这个过程中可能会产生些许的不适应，不要因此痛苦，这只是你走向下一步工作的必须熟悉的过程，当你已经准备好自己迎接任何局面的心态时，你就已经赢了一半。

女士们，当你发现自己置身于一个全新的环境时，不要焦躁，看清楚眼前的形势，然后去愉快地适应它，毕竟人生的每一步都需要你去适应然后才能熟悉。顺其自然，在环境中享受身边的一切，就算不能获得最后的成功，你也会变得更加成熟。

幸福箴言

面对眼前的环境，过多的惊慌和抱怨都是无用的，尽快把握住它的脉搏，掌握好自己在这个环境中活跃的节奏，这样你才会更加快乐幸福。

从容对事，达观女人历久弥新

世界上的事物变化波诡云谲，人事有代谢，世事有变化，刚刚熟悉的环境很可能马上就会变个样子，如果一个人太看不开，就容易把自己陷入负面情绪的泥潭。女士们，你可曾有过这样的经历呢。

现代社会里商业活动频繁，人人都可能被卷入各种组织体系当中，从而增加各种烦恼。"工作又没完成，这个月要被训了。""公司的业绩始终不顺，心里真烦。""上次的事故明明主要责任不在我，却还是被调职了。""这次的合作案我方吃了大亏，身为负责人怎么会高兴？"……诸如此类的抱怨每天都可以听到许多，这些还是小意思，更严重的还有"公司明天宣布破产，数年的心血就这样结束了。""这次在议员竞选上一败涂地，失去了很多席位，你是不是该反省！"

当变数和不幸向你袭来时，不知各位女性会用怎样的心情去处理这些事情呢？是选择郁郁寡欢，还是保持微笑、用一种达观的态度对待生活中的不如意？

上帝并不偏爱任何一个人，他给予人类的是同样的快乐和不幸。我曾经听说过这样一个故事，也许会给人一些启发。

在第二次世界大战期间，布朗太太作为美国某州政府的一名工作人员，经常要将前线士兵牺牲的消息通知他们的家属，她总是用如阳光般温暖的态度去安抚每一位牺牲士兵的家属，但是很多人没有想到，布朗太太也是这些不幸者之一。

在担任抚恤小组的成员之后一个月，布朗太太就接到了自己儿子的死讯，不仅如此，她在战争期间还遭遇了更多的不幸。当她工作完回到家面对空荡荡的屋子时，她的眼泪再也忍不住滴了下来。"我的儿子死在了战场上，我的丈夫在战争期间出车祸身亡，其他的亲人也相继离开了人世。站在空荡荡的屋子里，我只感到难以言状的悲伤和孤独，我好怕自己会因为伤心过度而发疯！"

但是布朗太太并没有让这种情绪困住自己，她抹干了眼泪，继续投入到了工作当中。她告诉自己："我要接受不幸，就像当初我接受我曾经有过的所有幸福一样。我一定要好好活下去，而且是要帮助其他战死者的家人。"

布朗太太认真做好自己的工作，不知道她家中情况的人会欣赏她的乐天，而知道布朗太太不幸遭遇的人则会更加敬佩。直到大战结束，参战的美国士兵返回本土，布朗太太仍然兢兢业业地做好自己的工作，并在下班之后去看望那些阵亡士兵的家人。她说："现在的我已经可以达观地面对任何不幸。生命还很长，人能做的事情还很多。"

像布朗太太这样的处境，如果她只是怨上天不公，不肯接受自己家庭的变故，那么她只会被悲伤打倒。还好她没有，而是从负面情绪中挣扎出来，继续做好自己的工作，给许多家庭带来安慰。

曾经遇到一位非常达观的女性，在她面前，人们都能感受到一股轻松、向上的气息，不由自主变得愉快起来。她说，虽然自己拥有的不多，职位平凡、收入一般，家中的子女也十分调皮，但是她认为人生最快乐的事情不是拥有多少，而是对自己拥有的感到满意。她说："我职位一般，这意味着我有更多的时间可以陪伴家人，家庭收入只是普通阶层，我倒觉得自己这样更加能凝聚家人，避免走向堕落。我的孩子虽然调皮却能够和家人平等沟通，不担心他会叛逆。"这位女士乐观的态度感染了很多人，她的达观也令人敬佩。

许多人对女性有刻板的看法，认为女性心胸狭小，诚然，女性的心思是比较敏感，但是这并不意味女性与达观绝缘。在过去相当长的历史时期里，达观这种形容词总是与女性无缘，以前的女人被拘囿在小天地里，很少被平等对待，心态很难豁达，但是当男女平等的思潮兴起之后，女性也经常被冠以"达观"、"豁达"之类的词语。我所见到的达观开朗的女性越来越多就是证明。

在长期的面对面咨询中，我发现，女性在工作过程中会遇到很多的变动，如果不能对事情有一个乐观的态度，那么这份工作就难以给人带来乐趣，而是会造成无尽的压力。

我在演讲过程中曾经遇到过一位女性，她是一所大学的讲师。在学校里，她两次副教授资格评定都失败了，按照平常看法她应该很郁闷才对，但是她没有。对于自己晋级失败她看得很开，她说："虽然现在我仍然是个讲师，不过这也说明我还有许多不足，与其做个名不副实的副教授，不如再加强自己的学术修养，做讲师里面最博学的，然后再向上一级冲刺。"

在一个下雨天，我迎来了一个女性咨询者。也许是因为天气的原因，她看起来面色有些苍白。这是一位看起来有些疲倦的中年女性，她是一位大公司的主管，同时也是一个孩子的母亲，但是令她忧虑的是，唯一的孩子和他的父亲一样也有先天性心脏病，从小就体弱多病，她不知道孩子的身体可以撑多久。为了照顾好孩子，她努力工作来获得比较好的生活条件，但是当她成为公司主管之后，工作日益忙碌，陪伴孩子的时间也少了。

"卡耐基先生，现在的我不能出远门，不能带孩子旅行，不敢轻易辞职。"卡特夫人忧虑地说，她的脸上露出悲伤的神情，"我不知道自己该怎么办，想到孩子可能会像我的丈夫一样离开我，我就难以忍受……"

看到这样消沉的卡特夫人，我也非常同情她，我对她说："现在你的处境很难改变，唯一能够改变的就是你的心境。你的孩子病情难以治愈，太太你要珍惜现在与他相处的每一天，与其现在痛苦，将来在悲伤中度过，不如把握现在的每一天。你的孩子很聪明很勇敢，与其随时担忧他会离开，不如让他在不多的时光里做一些想做的事情。而你也要快乐起来，未来的日子还很长，如果不能看开这件事，你未来的几十年都会陷入痛苦的泥潭。"

在经过几次开导之后，卡特夫人终于放宽了心，她说："生也好，死也好，该来的总会来，如果总是为那些无法改变的事情难过，生活就过不下去了。"她脸上的笑容越来越多，用乐观的样子和孩子一起度过他最后的日子。一年之后，孩子去世了。卡特夫人参加了公益组织，做了一名红十字组织的义工，卡特夫人用自己的笑容感染了社会上的许多人投入到心脏病儿童的救治中。

这位女性虽然曾经陷入悲观，但她最终走了出来，用达观的心态去面对一切，也许她可以给一些不幸的人带来启发。

社会竞争激烈，每个人都可能遇到工作上、生活中的困境，当遇到这些情况时，与其自怨自艾地让自己被负面情绪缠绕，不如达观一些，从另外的角度看问题。

工作不满意，做起来不感兴趣，可以把它看做自己初入社会的历练，可以看到更多的社会百态，接触到更多的领域。如果连自己不感兴趣的工作都能做好，那么将来遇到理想的工作时，自己的表现不就更加出色！

工作出现问题，被训斥处罚，不如这样想：这些能够让我吸取教训，变得更加细心周密。

与同事的交往出现问题，有人对你暗中使坏，不如笑一笑：这些是对我人际交往能力的锻炼，而且看透了他的居心，也省的我的同事友情用错了地方。

被委以重任以后，有人嫉妒，没关系，我不需要因为别人的小心眼而改变自己，我的出色是因为自己的努力，别人嫉妒恰恰说明我已经成为一个有能力的人了。

事业发展遇到瓶颈，这说明我们已经到达了厚积薄发的阶段，需要将以往的经验做总结继续努力，然后迎接新的事业成长期。

弗兰克小姐是一位学历不高的女青年，她在进入一家大公司之后受到了很多刁难。一些新进职员不愿意做的事情都推给她去做，等她做出了成绩又常常被夺去功劳。面对这种处境弗兰克小姐并没有抱怨，她对自己说：我得到了比别人多几倍的锻炼机会，而且我没有受过高等教育，本来就应该在工作上进行补充嘛。她乐观地对待着自己的工作，把每一项任务都完成得尽善尽美。经过几年的磨炼之后，弗兰克小姐凭借自己出色的工作能力，被提升为副总监的助理。麻烦又跟着来了，因为弗兰克小姐长相清秀，一些女职员在私下议论她是用不正当手段爬上这个职位的。弗兰克小姐听到了风言风语，却并没有在意这些，即使面对那些讲过她坏话的同事也当做什么事都没有，照常打招呼上班。一个和她比较要好的女同事忍不住问她："你对那些说法不生气？"

"何必生气？"弗兰克小姐笑着说："会用谣言伤人的都是公司那些爱嫉妒的人，没有人会嫉妒比自己差的人，那么我被人嫉妒不正说明能力变强、职位升迁了吗？如果是这样，我愿意接受她们的嫉妒，反正心里不舒服的是她们。"

无论是工作中的困难还是人际交往中的坎坷，达观的人总是会用乐观的心态看待自己的一切遭遇，就如同弗兰克小姐一样，尽管别人企图伤害她，她从未因此忧心，反而让自己不断发展。

幸福箴言

快乐的人不一定一生顺利，而是他们善于把挫折看开、看透。面对平凡甚至困难重重的工作，拥有达观心态的人会把它看做是人生的美丽旅程。想要享受这种充实的心境，不如从现在开始，做一个达观的人吧！

自信优雅，女人靓丽的名片

自信是女人最好的化妆品，虽然我不知道这句话是谁说的，但是却非常赞同它。一个自信的女人，不管她的外表条件如何，都会产生令人无法抗拒的魅力。

"明天就要竞聘部门经理了，我一定要把自己打扮得最漂亮。"怀着这样的想法，女职员穿上了美丽又得体的衣服，化上了精致的妆容。然而，到了与公司上层见面的时候，自己的外表却没有人注意到，最终没有得到期待的升迁。最令人不忿的是，优胜者居然是个其貌不扬的女性。

在现实中，一些女性以为把自己打扮得漂漂亮亮的，魅力就会增加，可是她们却发现，很多美丽的女人甚至还不如一些连妆都不化的女人更惹人喜爱。二者的差别到底在哪里呢？

当你站在街上，看到一个委委屈屈跟在男友身边耍性子的小女人和一个昂首挺胸、神采飞扬的女人，会觉得哪种有魅力呢？根据调查，67%的50岁以下男性更加欣赏自信的女人，而身为同性的女人的调查结果也是如此，大家都更加喜欢与自信的女人相处。

我曾经到一个大学演讲，负责接待工作的是两位女性工作人员。一位是已经四十多岁的吉尔女士，一位是她的助手米雪儿。当我见到她们时，我就感觉到吉尔女士是一位非常有能力的女性，她洒脱大方，办事娴熟老练，给人十分可靠的感觉。演讲活动之后几天，再次来到培训班时，去听演讲的学员跟我说起那个美女工作人员时，我还在奇怪吉尔女士并不能算是美女吧？

"是那个年轻的米雪儿啊？"同样是年轻人的学员说。

"我没有注意到，毕竟米雪儿只是在一旁协助。"我如实说，演讲活动日程很紧，我只注意和吉尔女士对各项事宜进行沟通，并未关心她们的外表。虽然米雪儿是一位美丽的女性，但是作为工作伙伴来说，干练的吉尔女士更加引人注目。

同过去数千年的男女地位倾斜现象相反，现在的女人已经不需要刻意扮作小鸟依人的模样来吸引男性的注意，人们更加欣赏能够和男性一样独立的女性。一位心理学家说过，太"弱"的女性会给周围人带来压力和不安定的感觉，而自信女人则会带给人安全感。

女士们，要求女性小鸟依人的时代已经过去，虽然现在的男人仍然会讲究绅士风度，在公共场合凡事都要"lady first"，但是如果选择要与自己相处很久的女性——例如工作伙伴、女友，他们更加欣赏自信的女人。

美貌可以令女人在第一时间吸引人的注意，但是她只能骄傲一时，自信却会是女人一生的魅力。女人如果用精神焕发的状态去迎接生活，这将是比外貌更加强大的资本。

我曾经见到美国的著名模特卡梅林小姐，她是一位非常出色的模特，许多服装公司想请她做代言人，无数的设计师争先恐后地邀请她做自己的模特。当我近距离与卡梅林小姐对话时，我发现卡梅林小姐的外形并不算很突出。我有些奇怪为什么一个长相普通的模特会这样有名呢？在采访中，我向她提出了疑问："卡梅林小姐，很多模特在相貌方面非常漂亮，但是她们为什么没有你有名气呢？"

卡梅林小姐笑了，她说："卡耐基先生，我知道你的意思。你是不是觉得奇怪，像我这样相貌平常的女孩怎么会走红呢？我承认自己外形很普通，不是那种让人一看到就十分惊艳的女人，很多女模特都比我漂亮。不过，我有一个优点是她们比不过我的，那就是我对自己充满了自信。有自信的女人才有魅力，如果一个女孩不相信自己的实力，即使她长得再漂亮，人们也注意不到她。"

卡梅林告诉我她的优势在于自信，后来我有幸看到了她的走秀，T台上的卡梅林小姐精神饱满、意气风发，在一群模特当中非常耀眼夺目。而其他的模特虽然外表美丽，看起来却总是比卡梅林小姐少了一分气质，不如卡梅林小姐那样生气勃勃。我这个时候才明白，为什么卡梅林小姐会成为顶尖的模特。

人生就像一个大舞台，只有最自信的演员才能给导演和观众留下最深刻的印象。所以，各位女士们，你们一定要注意培养自信心，只有自己先相信自己，别人才会相信你。

韦斯特小姐是一个名校西班牙语系的高材生，她的成绩优秀，口语流利，是学院里数一数二的外语人才。当韦斯特小姐毕业之后面试工作时，她遇到了一些没有想到的情况。

韦斯特小姐应聘的是一个大型外贸公司的笔译，但是在面试过程中，面试官认为韦斯特小姐的西班牙语说得很好，就提议说请韦斯特小姐不做笔译，而是做口语现场翻译，这比笔译高出了一个难度，不过只要韦斯特小姐努力一下还是可以胜任的。然而韦斯特小姐左思右想，最后告诉面试官自己还没有想好，要回去商量一下。

原来韦斯特小姐虽然是一位高智商、高能力的人才，但是她一直都不自信，当面试的事情和预想出现偏差时，她就陷入了忧虑之中：自己到底能不能做同声传译？她回到家之后考虑再三还是觉得没有信心。这时，她的家人走了过来，问她的面试情况。

韦斯特小姐说："对方想要我做同声传译，可是我怕自己做不了。我不知道自己口语能不能达到那个程度，万一在现场出错那我就丢死人了。"

韦斯特太太鼓励她："我的宝贝外语水平非常棒的，你难道不相信学校教授给你的评价吗？只要你努力一下，很快就可以达到同声传译的水平。"其他家人也鼓励韦斯特小姐接受这份工作。但是当韦斯特小姐和那家大公司的主管联系时，对方说已经雇佣了另外一名翻译。那位应聘者也并非同声传译专业出身，但是她非常自信地表示自己可以胜任。一次进入大公司的机会就在韦斯特小姐犹豫的时候溜走了。

韦斯特小姐是一位高智商、高学历的人才，但是她却没有自信，尽管自己的能力出众，她却瞻前顾后地不肯相信自己能够做好，韦斯特小姐不自信，这家外贸公司又怎么会将她作为首选呢？

许多女士看待自己时总是盯着自己的缺点不放，而认识不到自己的优点。随着这种看法逐渐加深，她们也就慢慢失去了自信心，人也变得消沉起来，对人对事都不能用积极的眼光去看待。这种状态对于职业女性来说是大敌。在踏入工作岗位之后，女性会面临很多变数和挫折，如果没有自信，又可以凭借什么在竞争激烈的社会中顽强生存下去？所以，女士们，你们一定要培养起自己的自信来。

我是在咨询室见到凯莉小姐的，她是一个年轻美丽的女孩子，通过交谈我还发现她有着一个不错的大学学历。她向我倾诉了现在的处境，希望能够得到我的指导。凯莉小姐告诉我，她在毕业之后希望能够在大公司谋得一份秘书的工作，也参加了几次面试，但遗憾的是，她都没有被录取。

通过与凯莉小姐的几次见面，我发现她是一个缺乏自信的人。当她面对我的秘书时会有些紧张，在我面前也是非常局促。我想我找到了凯莉小姐面试失败的原因，她不太擅长和陌生人交流。很多大公司的女秘书都要做一些公关性的工作，这需要一个有魅力的女性才能胜任。而凯莉小姐身上却没有光彩和魄力，所以面试屡屡失败。

为了帮助她，我对凯莉小姐说："凯莉小姐，在你的身上我看不到自信，这是不行的。如果你想成为一家大公司的秘书，就要对自己充满信心。"而凯莉小姐被我说中，她有些痛苦地说："卡耐基先生，你说的没错，我确实对自己很没有自信。我总是感觉自己各个方面都不好，常常感觉自卑。"我安慰凯莉小姐说："不要再怀疑自己的能力，其实你非常优秀的，现在让我们看看你到底有多优秀。"我递给凯莉小姐一张白纸，告诉她："在这一刻，你是一个充满自信的人，想一想自己有哪些优点，无论是什么方面，都写在这张纸上。"

凯莉小姐边想边写，她想了半个小时左右，写了满满一页。我拿起那张纸，对凯莉小姐说："看到了吗？你有这么多的优点，每一个都可以让你骄傲，你为什么不把注意力放在自己的优点上面，偏偏要盯着自己的缺点不放呢？从今以后，你要转变自己的思维方式，多想想自己的优点，你是最优秀的。"凯莉小姐接受了这个建议，在我的培训班里逐渐建立起了自信心。过了一段时间再见到她，她和陌生人交谈已经比较从容了，温柔、和蔼，充满了亲和力。当她上完我的课程再到大公司面试的时候，因为自信很快就被录取了。

许多女性就像凯莉一样总是认为自己很差劲，给自己罗列了一大堆的劣势：我不漂亮、我声音沙哑、我的学历不高、我唱歌跑调、我不擅长交际、我没有才华、我太害羞……但是却把自己的优点忽视掉了，学历不高的你可能很会交际，音痴的你可能长得很漂亮，你没有文采但是在数据整理方面非常有天分……总之，你一定有一个地方值得你相信自己可以胜任工作，如果你恰恰有很多的优点，那么女士们，你就更加没有理由不自信了。

女人拥有美貌并不难，整容和化妆品能够帮上大忙，难得的是拥有自信，自信的女人最美丽，她站在那里就是一道灿烂的风景。

充满自信的女人充满魅力，有自信的女人可以委以重任。女士们就从现在开始做一个有自信的女人吧！

幸福箴言

自信心是女人最长久的美丽，有自信的女人不会随着年华老去而失去光彩，反而会越来越耀眼。不要对自己没有信心，试想一下：如果世界上人那么多，你却是独一无二的一个，为什么不自信呢？

条理清晰，让忙碌成为轻松变奏

上班之后，面对千头万绪、纷繁复杂的工作，你是不是感到头痛了呢？费了很多心思处理完大堆的事物又要接着面对下一个任务，长期这样，工作会变得没有效率，不断地进行重复性的工作。女士们，应该摆脱这种恶性循环了。

"工作没有计划，我这星期的工作步骤全部打乱了！""那两个文件我是按拿到手的顺序进行整理的，没想到二者要根据时间来修改数据。""老板交给我一大堆工作，该做哪一个到现在我还毫无头绪！"在你的身边是否经常听到这样的声音呢，或者你自己也经常被这样的事情困扰。

在我的培训班中聚集了各行各业的人，几乎成为一个小社会，在这里，大家都有一个共识，就是工作如果没有一定的条理性是非常耽误效率的。很多时候工作成绩不理想，不是因为职员不努力，而是因为过多的精力做了无用功。

尼可·加布里是我的一个学员，但是她在两周前开始缺课，后来当她来到班里进行演讲练习时和我诉说她最近遇到的问题。尼可是纽约一家机械公司的职员，上个月刚刚成为部门主管，但是升职的喜悦劲还没有尝够，尼可就陷入了工作的包围圈当中。因为尼可以前从未有过管理经验，以往她只要做好自己分内的事情就好，但是现在却要接受公司高层的授命并领导下面的职员。当部门里各位工作人员把手头事务交给她审阅时，尼可就容易出乱子，她不知道应该怎样处理现在的一大堆工作。

"卡耐基先生，我恐怕自己要缺课了，现在的我已经没有时间做工作以外的事情了。以往我只是一个资深职员，主管会安排我下一步的具体工作，如果我能自由发挥一些还能得到褒奖。以前觉得主管似乎很轻松，现在才发现这个工作很不好做。每天要做的工作千头万绪，我都不知道应该怎么办才好，只好加班去处理。"

我听了她的话，明白了尼可小姐现在的处境。我对她说："尼可小姐，我想我知道你现在的困境了，你不能对眼前突然变复杂的工作进行梳理，仍然按照以前个人工作的形式处理，导致工作混乱。加班不是解决问题的办法，你需要尽快地学会有条理地安排工作。"

"那么，卡耐基先生，我应该怎么做呢？我迫切地需要相关的经验。"尼可说。

我简单地给了尼可小姐几个建议，根据自己的经验告诉她一个计划表的制定方法，希望她可以试一试，并且多向公司的前辈请教。

后来的几周，尼可又缺了几次课，但是很快她又出现在了课堂上，她高兴地说："卡耐基先生，我来补课了！"看到她神采飞扬的样子，我就知道她的事情都处理好了。

女士们，你们是想成为一个依靠压榨时间来换取工作量的新手还是要做一个平稳处理事务，让工作如同流水线一样按部就班地到达指定位置迅速完成呢？答案显然是后者。

几年前，我在一次聚会上认识了辛迪女士，她是一位了不起的职业咨询师，曾经为许多人提出了中肯的建议，很多人在她的帮助下取得了不错的成绩。我在交谈时问辛迪女士："您曾经为许多的年轻人指导了工作中的问题，我想知道，在您看来，什么样的工作方式才能取得成功呢？"

辛迪女士很快就给出了她的意见："卡耐基先生，我认为，一个有工作潜力的人应当是善于安排工作的人。他应当拥有良好的工作习惯，在工作展开之前就已经制定出最有效率的模式。我曾经遇到很多聪明的年轻人，他们本来都很优秀，但是在工作上却总是让人失望，比如有的人总是毛毛躁躁地抓起一个工作就开始处理，等好不容易弄完了才发现这个方案不如另外一个详细，应当优先做那一个。所以，我认为一个职业工作者学会有条理地安排工作是他成长的开始。"

辛迪女士的话给了我不少启发，我们在平时总是说"做工作"，但是在现实中大家要处理的却是大量的具体任务，每一件都要处理，却不能由着你一件一件慢悠悠地来，时间、资源都要高密度地利用，遇到这种难题怎么办？如果你是高层领导，还有秘书为你安排一下日程，但是高层管理者同样需要安排公司的项目进展，将手头各个合作案打理清楚。所以说，女士们，不管你处于什么职位，只要你走上工作岗位就会面临整理工作的挑战。很多人心里都明白，要想完成更多的工作，就必须找到各种方法克服混乱、全心处理重要工作、精简作业避免不必要的人力、物力浪费。

个人认为，想要成为一个把工作打理得井井有条的人，方法也不是很难。首先你要制订合理的工作计划和流程，了解平时有哪些事务要负责，以及它们的轻重缓急如何，要事优先，琐碎的小事要找到相关负责人管理。如果你是一名管理者，要对本部门的常规工作做一个计划，哪些工作要交给部门内的某个人负责，哪些应该交给其他部门，哪些是与其他部门合作的等。如果你是一名被领导的职员，需要在每天上班之后，记录每日的工作要点，根据计划表行事。每天清晨，就是你安排一切的时刻。

办事情时如果头脑错乱，就会做事杂乱无章，缺乏条理，工作往往难以顺利进行。想要做好每一件工作就要讲究好时间安排，按照事情的紧急程度、重要性大小排出先后次序，把优先做的事情集中精力完美地完成，然后再进行下一步。如果能够当天完成的绝不拖到第二天的工作清单中，如果是阶段性的工程要及时做好进度记录，随时查阅。

我曾经读过这样一个故事，有两个老朋友麦克和哈瑞，他们住在离村子几千米远的山坡上，毗邻而居。那里景色秀丽，但是美中不足的是，在通往他们两家的路上，有一棵梧桐树挡在路中。两个老朋友每次开车经过时这条路时都不得不绕过它。有一天，两个人又一次走到了这棵树旁边，感到它实在太碍事，商量着一起用锯把这棵树锯掉。但是什么时候动手呢？

哈瑞说明天就动手，麦克却说："我明天有事，要去城里买一些生活必需品。"

哈瑞想反正锯树是件很简单的事情，就说那么就过几天再锯好了。谁知，这个"过几天"却一直没有实现，两个人总是有各种原因错过了一起锯树。就这样，日子一天天过去了，几十年后，大树下面走来两个须发皆白的老人，哈瑞和麦克已经变成了两位老人，当他们再次在梧桐树旁相遇时，两个人想起了他们

还要把这棵碍事的大树锯掉。

"这么久了，我们都没空锯掉它，你看这家伙的体形越来越大了，占据了快半条路的空间。现在我们有时间了，该把它锯掉了。"两个老人说着拿来了钢锯，但是此时他们却发现——自己已经没有拉锯的力气了。

这样的故事我们可能会听过很多，做事情拖拖拉拉，总是以各种借口推到明天，最终还是什么都没做成。想要把工作做得有条不紊的人一定要戒除这种毛病。拖沓工作是工作有条理化的大敌，再精密的工作计划也敌不过不断积压下来的任务。

想把工作整理得井然有序，要避免工作陷入不必要的重复当中，女士们，也许你有过这样的遭遇，今天从主管那里接到几个策划案要做，当你辛辛苦苦忙碌一天好不容易拿出了样稿之后，却发现其中一个方案与半年前那个成功的策划极其相似，完全可以借鉴，而你却闷在办公桌前苦思了半天！缺乏整体性的工作安排会使人们的工作量增大却得不到应有的回报。

费城的一家杂志社计划做一期画家专题，采编部的人被分派了各项任务，大家迅速赶赴自己的任务现场，有的忙着采访新走红的画家，有的去艺术馆收集名画资料。数天之后，采编部的人将自己的成果交上来。

主编在审稿时突然吃了一惊，他居然发现了两篇介绍同一画家的文章，这期杂志要介绍七个新锐画家，为什么同一个画家要写两篇稿件？主编读完稿子，发现两篇稿件介绍画家的内容，从生平到作品再到轶事，无一不相同，这说明采编部里的人把工作做重复了。主编冷着脸召开会议，查问到底是哪里出了问题。

大家把事情的前因后果一查对，最后发现是采编部的大乌龙，在开编辑工作会的时候主持会议的人居然把同一个画家的本名和艺名分开，分别交给了两个编辑去负责。结果，采编部多费了一倍的人力资源在同一个对象上。

这件事情也可以说明一些问题，工作安排的混乱会导致我们做许多无用功。女士们，你们是否深有体会呢，做工作最痛苦的不是这个任务难度多么大，而是费尽心思之后却被告知不需要了。如果没有一个合理的工作调度，女士们就可能面临这样的尴尬处境。社会竞争激烈，要想获得成功，办事有章法、做事有条理必不可少。

幸福箴言

人的能力是有限的，但是我们可以通过恰当的方法使自己做出更多的成绩来，合力统筹好眼前的工作，女士们，很快你们就会发现自己变成了一个高效率的工作者。

同性相争，小心职场嫉妒心

　　曾经有人感叹，有女人的地方就有八卦，如果把这句话拿去告诉女人，她也不会生气，因为这已经成为了一种普遍现象。走到任何一家办公室，都会听到一些满含毒刺的话语。

　　"某某那个大嘴巴又在说三道四，怎么也没有人教训她一下。""某某刚来一个月就被调去当分区主管了，一定是和老板有暧昧。""昨天有一辆豪华跑车来接某某下班，肯定是傍上了哪个阔佬。""某某这个月的业绩分明是作弊了，根本就没看到她做什么。"……

　　桃乐丝有个叫丽莎的好朋友。这位丽莎女士是一位非常幸运的女人，她聪明、漂亮、气质雍容大方，在她们公司是非常显眼的人物。拥有这些好条件的丽莎已经成为公司同事嫉妒的对象，后来又发生了一件事更是把丽莎推到了众矢之的的位置。

　　在丽莎生日那天，丽莎公司大楼的外面开来了一辆豪华轿车，一位彬彬有礼的绅士非常浪漫地走进丽莎的公司向她求婚。丽莎居然还有这么优秀的追求者——这让公司里所有的女同事都羡慕、嫉妒不已。

等丽莎回到办公室的时候，女同事们看丽莎的眼神已经变了，全都带上了嫉妒。有的女同事酸溜溜地说："丽莎，什么时候嫁入豪门啊，到时可要邀请我们去观礼啊。"有的脸色还阴沉着，走到丽莎身边的时候就"哼"一声装作不屑一顾。办公室里的气氛一下阴沉沉的。

但是这个时候丽莎却没有表现出被求婚的喜悦，反而一副表情凝重、忧心忡忡的样子。有人问她怎么了。丽莎担心地说："罗伯特这个人虽然很优秀，可是他之前结过一次婚，后来又离异了，我不知道该不该嫁给他。"大家一听她的话，意识到原来这个男人也不是很完美嘛。有人开始意味深长地偷笑，女同事们彼此窃窃私语着，很快就达成了一致意见，转而去给丽莎拿主意，有的说罗伯特可以嫁，有的说不行，他离婚的原因还没弄清楚呢，不能就这么答应了。大家叽叽喳喳，办公室的气氛又活跃了起来，也没有人针对丽莎了。

后来去卫生间的时候，和丽莎关系比较好的一位同事问她："罗伯特的事情是你们俩的私事，何必要跟她们说，你看她们表面上是在安慰你，其实不是在幸灾乐祸吗？"丽莎却笑得开心："这样留点遗憾，会让大家心里舒服很多。"原来，她是故意把罗伯特的"瑕疵"透露出来的。

如果你是一个优秀的女人，那么你可要准备好了，嫉妒的话语随时会在周围出现，将你团团包围，冷言冷语不断侵袭令你心力交瘁。

嫉妒是人类一种可怕的情绪，尤其在女性当中非常盛行。当面对比自己优秀的人，那些可悲的嫉妒情绪就开始生根发芽，长成尖锐的毒刺，吞噬着自己的平常心。人们只会嫉妒比自己强的人，不论是哪一方面：经济能力、家世背景、外貌长相、工作能力、人际关系、配偶子女……只要是有一些方面做的突出，就容易引起心胸窄的人嫉妒。女性的嫉妒心是可怕的，尤其是针对同性。或许是因为要争夺资源的缘故，在职场中，同性之间的竞争尤其激烈，非常容易出现矛盾。

在工作中，即使你充满善意，兢兢业业工作，也会遇到一些"找茬"的人，她们给你传播负面新闻、不配合工作、使绊子。遇到这样的情况，很多女性就容易焦躁，甚至和对方发生冲突，不过，仔细想一想，你也许不需要将事情用激烈手段解决。

我曾经看过这样的例子，一位女士非常美丽，当她进入一个公司工作的时候，就成为部门男职员的梦中情人，但与此同时，她也被女同事们明里暗里的嫉妒着。她的上司，一位女性主管也含沙射影，故意警告男同事不要帮"某些人"做工作了。结果这位女士在公司里地位就变得非常尴尬。

如果你所在的公司人际关系非常和谐，大家都非常友好，那还没什么，但是如果你恰巧遇到了女性同事内斗的局面，该如何自处呢？

其实，在我看来，嫉妒是非常损害女性魅力的一种情绪，嫉妒的人心胸会变得狭隘，面容也失去了和善的光彩。所以，如果你是一个爱惜自己形象、期望快乐生活的女人，就尽量避免自己出现嫉妒情绪，用平和的气态去面对自己周围的同事。乐观地看待其他人的进步，为别人的幸福祝福，心地宽广的你也会得到幸福快乐。

万一你不小心成为了嫉妒的对象怎么办？女人之间的嫉妒来源于很多方面，包括爱情、家境、容貌还有工作等。其中，最常见的就是来源于工作。女性职员很容易因为自己工作时的突出表现而遭到同事的嫉妒。说起来非常有趣，尽管男性自尊心很强，但是当一位女性的工作成绩超过他们时，他们却很少会嫉妒这位女性，倒是同为女性的其他职员会心里不舒服。

当发现别人因为嫉妒而对自己产生敌意时，要做的第一件事不应该是和对方理论，而是自我反省：我平时是不是做了过分的事情？我与同事的关系是不是没有维持好？善于处理人际关系的成熟女人会先从自身找原因，看是不是自己平时太过嚣张、尖刻导致大家怀有敌意，如果有的话就改正自己的缺点，努力和同事们沟通，大家和平相处。时间长了，这些嫉妒也会随着大家关系变亲密而消失了。

在菲利普公司里有一个女职员名叫海伦，她刚刚进入公司不到两个月就被任命为分区经理。这件事在公司内部引起了不少的议论，女同事们每天看到海伦都恨不得抓住她看看她到底有多强，居然刚来就被委以重任。

海伦感觉到了女同事之间的暗流涌动，她没有说什么，而是每天积极地穿梭在公司总部和分区办公室之间。海伦工作任劳任怨，经常忙得顾不上吃饭，有空就和同事交流打招呼，经过了一两周时间，海伦辛苦工作的形象深入人心，大家慢慢地也和她交上了朋友。在同事关系变好之后，原来断章取义的一些事情也被海伦澄清：她不算是分区经理。现在公司总部要在某区设立一个分部，她是负责办理各项资格证件、规划办公室、招聘员工的办事员，要经常两边跑，事情很繁琐也很麻烦。后来，海伦的人际关系变得非常好，即使是三个月之后她真的被任命为经理，大家也觉得海伦确实劳苦功高，不再说什么了。

如果说同事中一些人心胸狭隘，出于嫉妒心而对你的工作能力和人格横加贬低，那么，你就要学会聪明女人的方法。既然嫉妒常常针对那些幸运、幸福的女人，那么不如把嫉妒的对象削弱一些好了。

有智慧的女人不会去炫耀自己的幸福，为了避免嫉妒心，使自己与同事们打成一片，她更乐意把自己的幸福说"小"。

凯利女士是一家服装设计公司的设计师。她虽然不是最资深的，但是因为精明能干，创意新颖，在工作几年之后得到了老板的赏识，被提升为主管。

可是从此之后，凯利的烦恼来了，她虽然升了职、加了薪，却在同事中间受到了排挤，因为她的提升，引起了不少人的嫉妒，尤其是那些早她几年进入公司的老员工，她们认为自己资历够老，提升主管无论如何也不应该轮到凯利。同事们纷纷疏远她，不愿配合她工作。凯利还听到有人在茶水间议论："凯利不过来公司两年而已，我们都来四年了。凭什么提升她啊？一定是她用了什么卑鄙手段把老板迷惑了，不然根本轮不到她当主管！"这些伤人的话让凯利很委屈也很气愤，她多想跑出去告诉大家自己是凭真本事得到这个职位的。但是她忍住了，决心想个好办法解决问题。

一天，凯利组织了部门所有人来开会。在会上，凯利先是对同事们的工作进行了表扬，肯定了大家的工作能力。不过，与会的同事都无精打采的，没有人领她的情。凯利没有着急，她诚恳地向同事们诉说自己现在的处境："大家看着我现在好像过得很光鲜，其实我真的很怀念以前做普通员工的日子。在那些日子我和大家一起奋斗，过得非常充实。但是现在当了主管之后，公司的重担压的我喘不过气来，必须每天加班，当你们下班回家和丈夫、孩子欢笑的时候，我却孤零零留在公司里，不能腾出时间给我的家庭。我现在压力很大，家里人因为我不能陪伴他们，经常和我争吵，丈夫和孩子们有时也不理解我。说真的，做一位女性主管真的太难了。在家庭和重任面前我宁愿选择做一个可以按时下班陪家人的普通员工。"

（不）

起初女同事们还不以为然，但是不久之后她们发现凯利的生活确实很紧张忙碌，不由得对她产生了同情，越来越多的人愿意跟她亲近。大家看到凯利下班走得晚，都说"我们的凯利真的是太可怜了，工作这么辛苦，和她比起来我们轻松幸福得多了。"很多女同事主动给她提供帮助，帮她分担一些工作。

凯利是一个明智的女人，面对同事们的嫉妒，她选择同化大家，让大家认识到自己工作的不容易，打消了大家对主管很"风光"的看法，使女同事们获得了心理平衡，并用自己工作辛苦不能陪伴家人的事实得到了女性同胞的同情，在这样的努力下，嫉妒也就烟消云散了。

女士们，你们可以出类拔萃，但是最好不要一枝独秀，当嫉妒的暗流涌动时，不要着急，可以用各种方法消灭这股逆流，还自己一个清静的工作环境。

幸福箴言

如果你想在职场上左右逢源、顺顺利利的话，请记住：把握谦虚美德，平衡嫉妒者的心理，这样，你才能在同性当中把人际关系处理得游刃有余。

团队沟通，工作需要三人成"众"

工作不是单打独斗，世界上没有一个人的公司和组织，当你置身于职场时，就意味着你必须与他人合作的生存模式到来了。

"对不起，我们不能继续雇佣你了，同事们都很难和你沟通。""虽然你的表现很好，但是我们公司需要的是一个配合默契的团队而不是个人英雄。"当你一次次听到这种回答时，你是否感到迷惑：难道我的能力不强吗，为什么却难以施展？其实，这是因为很多人虽然具有出众的工作能力，却不善于团队沟通，难以和其他同事进行交流，总是配合不好，长此下去，老板也只能忍痛割爱了。

有一次，我应邀到一家大型公司为员工做报告，那次我演讲的主题是团队协作。当我走上演讲台之后，我盛赞了公司每个部门对这个企业的贡献。

"道尔公司就像一栋大厦，它的每个雇员都是撑起这栋大厦的水泥钢筋和明亮的玻璃，缺少任何一个人，这栋大厦都会变得残缺。公司的每个部门都可以自豪地说'公司缺了我不行'，工厂的人制造出产品使大家的努力有了方向，公关部为公司形象宣传和打开知名度立下了很多功劳，市场部拓宽了产品销路使公司不断盈利，服务部为大家提供后勤保障，没有他们，大家就不能安心工作……所有人都是道尔公司大团队中的一员，正是因为大家的团结合作，公司才会正常运行，并且越来越强大。"

在这次演讲中，我要表达的内涵只有一个：公司需要各个部门的通力合作才能发展壮大。而在现实中，我也是这样认为的，我自己的教育事业也是建立在我的学生和助手合作的基础之上，仅仅凭我一个人是不可能做好现在的工作并取得不错成绩的。

团队是一群有着共同目标、彼此认同的人的集合体，他们遵守同样的规则，有强烈的归属感。真正的团队应该是分工明确、十分默契的。所以说，不是在公司里摆上一群人就能够称之为团队，如果不能齐心，也只是一盘散沙而已。在我看来，优秀的人才有两方面的含义：一是自身足够优秀，二是在工作中能够与他人密切配合做出优异的成绩来。这两点有时候并不统一，不少年轻人本身很有才华，但是他们不懂得团队合作。女士们，你们在工作过程中就很可能遇到这样的问题。

安吉·丽娜毕业于加利福尼亚大学，是这所名校培养出的优秀学生。她在找工作时进入了一家装修设计公司做设计员。安吉·丽娜的设计能力非常优秀，她在这方面确实有着过人的天分，上司也多次夸奖她的奇思妙想，公司对她的作品还是比较满意的。然而，安吉·丽娜却没能留在这家公司，就在她工作的第二个月，上司就告知她被公司辞退了。

愤愤不平的安吉·丽娜找到经理问道："经理，你不是一直说我做得很好吗，我到底哪里出了错要被辞退？"经理无奈地对她说："对不起，我承认这段时间以来你在工作上的表现确实很突出。但是，我们公司更需要的是一个能力出众的团队，而不是能力出众的个人。因此，我不想因为你而影响到公司的团队。"原来，安吉·丽娜在她上班的这段时间里和公司其他同事的关系闹得很僵，大家都对她不满，不愿意和她相处，经理权衡利弊之下只好放弃安吉·丽娜。

安吉·丽娜是一个非常骄傲的人，在那一个多月里，她总是依仗着自己的天分和能力咄咄逼人，对同事们指手画脚，根本不考虑自己还是个新人。每次主管给员工开会讨论设计构想时，安吉·丽娜总是抢话说，还用居高临下的口气发言，非常专断地指出这个设计方案应该怎么做，完全不顾及其他人心里是否舒服，也不尊重主管。在和同事们讨论具体的设计作品时，安吉·丽娜固执己见，对自己不满意的地方争论不休，坚持要对方服从她的意见。就这样，还不到两个月，安吉·丽娜就已经惹怒了所有的同事，没有人愿意与她合作。最后，她只能走人。

安吉·丽娜的事情是一次严重的失误，在我看来这位年轻的女性不仅没有团队意识，而且还没有学会如何与人相处。尽管她有才华，却不应该把自己的位置摆得如此之高，不把任何人放在眼里。这种咄咄逼人的蛮横态度是即使经验丰富的主管也不应该具有的，何况她还只是公司的新人。不管能力有多强，她都是公司设计团队的后辈，资历经验都远逊于其他人。没有经验、没有代表作品的她是团队中最需要锻炼的人，而不是忙于指导别人。

上面的事例带给我们的是教训，那么，正确的团队沟通方式应当是怎样的呢？我想告诉女士们，当你们进入职场之后，首先要认清公司的团队，毕竟不是所有的雇员都可以进入团队当中，如果你的工作要求你成为团队一员，那么，女士们请采用平和的态度与团队中的每一个人好好沟通，获得大家的认同。获得认同感之后，你才会真正地融入团队。

米兰达是纽约一家律师事务所的成员，当她初次进入事务所时，她还不明白事务所之中各位律师是如何合作的。当事务所的合伙人向她介绍这是自己的团队时，米兰达心里想：不是每个律师各自负责一个领域的法律事务吗？为什么会出现团队，什么案件值得一群人一起去做？

初出茅庐的米兰达在事务所实习了一年，终于摸清了事务所团队存在的必要性。

在经济社会里，涉及诉讼和非诉讼的法律活动越来越频繁，律师事务所的业务重点已经转移到了金融、证券、公司法等综合内容上来，一旦接到这样的业务，事务所已经很难像以往那样采用"谁招揽谁办理"的方式，而是常常需要数十名律师一起参与。在这种情况下，律师团队也就应运而生，米兰达所在事务所的律师个个经验丰富、思维敏捷、伶牙俐齿，让米兰达非常羡慕，她暗自努力要不断成长，从一个律政新人变成事务所团队的一员。经过两年的努力，米兰达在一些中小型诉讼中取得了优异成绩，被事务所的资深律师称赞十分有能力。在一次大型企业破产案中，米兰达被点名和其他几位律师一起处理，米兰达喜出望外：自己终于成为律师团队的一员了！

一个团队的生命力在于它的凝聚力、向心力，而这些是需要团队中的每个人共同努力才能做到的，起关键作用的就是成员的动机和目标，即所谓的"共同的愿望"。许多团队

成立的要素就是成员之间彼此信任。所以，女士们，当你加入团队时，必须是自愿与充满热情的，这样才能在团队中发挥出作用。如果想成为团队一员，就必须与其他成员建立一样的工作目标。

我认为，一位懂得如何工作的女性应当善于与团队中的其他人进行沟通，主动了解对方的意见，并在团队的献言献策活动中灵感互相碰撞，彼此进行启发。而当女性进入团队之后，她的优势也会显现出来。一位成熟的女性会拥有很好的团队沟通能力，她的温柔特性会使她包容团队中的每一个人，协助做好成员之间的沟通工作。

一个完整的团队常常被比喻成一台精密的机器，可以有条不紊地运转，而广大女性职员，你们可愿做这架机器中的一个部件，为它的周密运转而贡献一份力量，同时也实现自己的价值？

幸福箴言

女士们，如果想在工作中取得成绩，就不要企图做个人英雄，积极地加入一个成功的团队吧！在很多时候，团队的胜利才是真正的胜利！

整合人际关系，助你走向成功

每个人生活在世界上都是相互联系的，人与人之间充满了各种各样的关系网络。在这复杂的网络当中，有的人如鱼得水，最后成为了成功者。我们可以没有显赫的出身，但是我们可以自己创造出重要的人脉资源。

"这次订单被抢走就是因为对手和客户走了关系。""某某经理的人际关系广，他出手肯定能办成。""某某辞职了，听说是因为在公司里同事关系搞得很僵。""某某会成功还不是因为她运气好，交友广阔。"听到这些话，不禁让人想起人际关系对于职业的巨大促进作用。

史蒂芬妮毕业于一所名牌大学，她刚进入社会的时候意气风发，她的才华也不可小觑，在应聘一家大公司的时候，她通过了重重考核，最终以第一名的身份进入了公司。公司的上层都非常看好这个斗志昂扬的年轻人。

史蒂芬妮不负众望，在她工作了几个月之后，就将自己的才能酣畅淋漓地发挥了出来。主管分配的任务，史蒂芬妮总是职员中完成最快最好的，而且很少出现错误，即使是在公司工作过几年的员工办事效率也不如史蒂芬妮。

不过，史蒂芬妮虽然工作出色，却不愿意与别人交往。史蒂芬妮的个性非常骄傲，早上到公司后遇到同事从来不主动打招呼，对于来往客户她也懒得应付，统统推给别人，因为她认为自己不是做公关的。因为恃才傲物，史蒂芬妮在工作中经常苛刻地批评别人，让同事很下不来台。因此，公司的很多人都不喜欢她，不愿意和她一起工作。

史蒂芬妮在公司工作一年之后，因为成绩出色，公司老板准备提拔她，但是经理持反对态度，他说："史蒂芬妮小姐工作能力虽然强，但是她在公司的人际关系很不好，大家都不愿意和她在一起工作，在客户领域更是一片空白。我认为这样的职员不适合领导别人去做事情。"老板考虑之后，最终还是没有提拔史蒂芬妮。

史蒂芬妮的工作能力是毋庸置疑的，但是她在人际关系经营方面的缺陷也是相当明显的，因此，公司老板也不放心把一群人交给她管理。人际关系如此重要，已经压过了工作能力，成为职场中最重要的一种资源。

在经济社会里，人际关系资源已经成为职业生涯的重要部分。懂得经营人际关系的人是聪明成熟的职业者。有人指出，一个女人事业成功的因素，50%归功于人际交往，20%才来自于自己。所以说，人际关系是女人一生中最重要的资本。

一个人在准备开创自己的事业时，他可能没有丰厚的资金，甚至是个负债者，更严重的是也没有设备和销售渠道，但是如果他有丰富的人际关系，就可以从拥有这些资源的朋友那里获得帮助，从而开创事业。

在我创立成人教育事业的过程中，数不清的朋友给我带来了帮助，他们有的帮助书籍出版，有的帮我宣传，有的为我找到了有趣的采访对象，有的更是一直支持我到处巡讲。朋友对于我的事业来说具有十分重要的意义。一位女性如果想在事业道路上走得更远，就需要开拓自己的人际关系资源。

在英国小说《鲁滨孙漂流记》中，鲁滨孙成为个人英雄的代表，但是试想一下如果他得到很多人的帮助，就不只是解决生存问题了，或许还能做出更大的事业来。在现代社会，要想发展事业，做孤单英雄不如做人际关系网中活跃的一员。现在的你或许没有学历、金钱、背景、机会……但是你可以凭借人际关系得到这些资源，打开成功之路。人际关系是一种看不见又摸不着的东西，当一个人走在路上时谁也不能看出他掌握了多少人际关系资源，他认识的千百人中有多少个和他关系良好。人际关系不是明码标价的商品，它是无价的，纵然是再贵的珍宝，也不能和"良好人际关系"的含金量相提并论。

雷亚尔女士是一位精明能干的女强人，在职场打拼了十几年之后，她已经建立了一家中型公关公司。公司的规模虽然说不上数一数二，却屡次能够接到跨国公司才能接到的大单子，说起来，这还是雷亚尔女士人际关系广的功劳。

一年前，某著名食品集团推出了一款新产品打入美国市场，把宣传业务交给了纽约一家大型广告公司负责，但是这家广告公司是外国董事控股的，刚刚进驻美国，与美国国内媒体尚未建立密切联系。这个公司的负责人考虑到雷亚尔女士与纽约媒体的良好关系，将部分业务转包给了她的公司。

之后，另外一个大公司与其他公关公司的合约到期，正巧那个公司里有雷亚尔一个朋友，把雷亚尔的公司介绍给了高层负责人。这位负责人决定与雷亚尔进行一次会谈。

雷亚尔非常期待这次会面，她在和负责人见面之后侃侃而谈，充分展示了公司的服务质量。雷亚尔的风度和魄力令对方折服，最终拿到了合约。各个公司之间口碑相传的效果是惊人的，雷亚尔女士的公司在先后签下了几家大型跨国公司之后，名头进一步打响，大量的跨国公司前来与之洽谈代言业务。雷亚尔女士的人际关系为她的公司壮大开了一个好头。

如何积累人际关系，这个问题其实很难回答，因为每个人的交际方式都是不一样的，有的人喜欢有共同志趣的君子之交，有的人喜欢豪气干云的哥们义气，有的人则是互递名片进行商务交往。

我想，我能够提出的建议是在与人交往过程中要用心，只有真诚地与人交往，才能收获长久的友谊。有的人可能奇怪了，我积累人际关系不就是为了将来可以帮助我吗？但是如果你一开始就是抱着利用的想法去和人交往，那么这种交往从始至终都充满了利用的色彩。有谁会愿意被人利用呢？如果以为在开拓事业的过程中靠交情能令一切水到渠成，那自己的那份事业也不会有多强的生命力。粗俗的拉关系或者利益交换只会损害人的口碑，最后难以得到真正的人际关系资源。

乔尼是一家大公司的市场销售部负责人，有一天，他正忙于公务的时候，秘书告诉他有人在电话中坚持要和他通话。乔尼接过电话一听，原来是某个百货公司的经理打来的。这个经理再三邀请他周末去打球，乔尼推辞不过便去了。对方的目的显然不是为了打球休闲，而是为了某笔货物的涨价风波。乔尼根据公司近期的成本推算计划在4月中旬将产品集体提价。而该百货公司正是乔尼所在公司的第一个代理人。那位经理反复讨好乔尼，并提出给乔尼一些好处，希望能够在他们卖场将涨价延迟一个月。乔尼心想这是公司的决策，又不是自己能干预的，而且擅自修改计划，损失的是公司的利益。最终，乔尼也没有答应对方的条件，让对方白跑了一趟。

对方经理和乔尼是认识的，商业上的往来也可以算作是人际关系的一部分，不过他没有运用好这种资源，盲目提出了损害乔尼公司利益的要求，而且乔尼在此事上一旦插手也会损害自己在公司的地位。这样的拉关系怎么可能得到对方的回应呢？

我始终认为，积累人际关系首先要从自己公司的内部抓起。没有稳固的后方，在前面打探再多也是没有用的，一个在本公司人际关系都不好的人，就不能说是善于积累人际关系。女士们，当你在公司里做事时，无论你是何等职位，拥有多强的工作能力，都不能妄自骄傲。如果想在公司里有良好的人际关系，就应该和同事融洽相处，共同努力，共担责任。如果你最近升职了，就更要注意自己待人接物不能带有一丝的不尊重，要谦虚、谨慎对待周围的人——当然，如果你是雷厉风行的女强人性格也可以不必如此，但是仍然要讲究态度前后一致，不偏不倚。无论是与上司还是同事相处，说话都要诚恳真挚，掌握好分寸。

与人交往，讲究诚信和礼貌，对待地位高的人要不卑不亢、尊敬有礼，维护自己的形象，对待普通的朋友要真诚交心。在这方面，我要承认，女人天生的细心和周到对交朋友具有很大的益处。女性的温柔使得她们在交朋友时常问候、热心帮忙，用自己的热心肠换取别人的好感，不知不觉中，双方就能够成为真正的好朋友。

幸福箴言

每一天都有形形色色的人走在你身边，是否产生了搞好人际关系的想法呢？一个人缘好的人即使不能得到利益上的帮助，也能够享受到快乐的工作和生活。

正视困局，不怕最糟糕情况

处于困局中的人，如果能看到希望，不去埋怨，不徘徊，那他的困境就不再是困境，而可能是凤凰涅槃。经历过困局的人，才知道幸福的可贵，才能笑得最灿烂。所以说，当我们接受了最坏的情况之后，就不会再害怕了。

在我事业的开始阶段，我遇到过很多困难，虽然最后都克服了，但是回想起那时候的困境，我仍然会觉得那是我人生中的重要一课。在现实中，我们总是会遇到各种各样的困难和委屈。女士们，当你从一个小女孩长大成人走向社会时就要做好随时迎接挑战的准备。在具体的工作中，我们会遇到很多的麻烦和困难，如果不能正视这些困难，那么你的工作会变得非常难受。

我曾经采访过一个了不起的人物威利·卡瑞尔，他是纽约州塞瑞西市卡瑞尔公司的负责人，他告诉我一个如何面对事业困境的方法，令我受益良多。

威利·卡瑞尔先生讲述了他年轻时候的经历，那时候的他在华盛顿水牛城的水牛钢铁公司工作。有一次，公司安装了一台用于清除瓦斯中杂质的瓦斯清洁机，安装好之后，公司让卡瑞尔先生进行调试。

当时的卡瑞尔先生根本没有调试这种机器的相关经验，因此在动手的时候非常紧张，心里惴惴不安地怕发生一些想不到的问题。

在这种担心之下，卡瑞尔先生终于做完了调试机器的工作，但是机器运转得达不到理想中的要求。卡瑞尔先生顿时感到一阵挫败感，自己的努力好像都白费了一样。卡瑞尔先生告诉我他当时感觉仿佛有人在脸上重重地打了一拳一样，心里很不舒服，胃和整个腹部都因为难过而疼痛起来。那段时间，卡瑞尔先生因为自己的工作没有效果而忧虑了很长时间。

卡瑞尔先生因此想到，当人们遇到困难的时候通常都会手足无措，十分焦虑，有没有一种通用的方法可以解决这种困境呢？他开始探索这样的方法。经过一段时间的思索之后，卡瑞尔先生开创了一种新的思维方式来面对困难，这种方法令人在困难出现的时候不会逃避、忧虑，而是积极地面对问题。卡瑞尔先生一直使用这个方法，他的能力不断强大起来，最终开创了自己的事业。

那么卡瑞尔先生应对困难的方法是什么呢？它总共分三个步骤：

第一步，先忘记担心和害怕，认真地分析整个情况，然后找出万一失败将会出现什么最坏的情况。

第二步，找出很多可能发生的最坏的情况之后，尝试着让自己接受它们。

第三步，慢慢地让自己平静下来，把自己的精力和时间用于改善自己所面对的困难以及问题。

从卡瑞尔先生的指导中，我领悟到了这种方法的精髓：当我们强迫自己面对最坏的情况，并且让自己的思想接受它们之后，就再也不怕任何困难了，同时也就有了应对工作中出现困境的勇气。

这种方法我要推荐给各位，当你在工作中遇到困难的时候就想一想会出现的最糟糕的情况，就会感到现在的情况还不是最严重的，还有方法挽救，我要努力把形势扭转过来。这样，你们就多了无限的抗挫折能力。

有一天，我的一位学员曼特利来找我，告诉一件事情说可以作为我上课时的案例，我听完他的叙述之后，觉得很有启发意义，下面就是我这位学员的经历。

曼特利在纽约的一个市场里经营肉食店，有一天，一个自称是市场调查人员的人找到他，声称找到了他的商店经营过程中欺骗顾客的证据，向他索要贿赂。那个人还威胁曼特利如果他拒绝，就把这些证据交给当地的检察官。

曼特利很生气，当场拒绝了对方，但是当他回到店里问雇员的时候，他的雇员承认自己确实犯错了。原来，这位雇员在客人来买熟食的时候经常缺斤短两，然后把多出来的肉卖出去，把钱款据为己有。

原本信心十足的曼特利知道自己店里真的出现了经营问题的事情后，十分紧张，他想到自己刚刚拒绝了那个索贿的人，担心会遭到报复。这个时候他想到地方法律规定了公司要为自己员工的行为负责，如果这件事被追究，自己的名誉和生意都会被毁掉。

曼特利焦躁地在店铺里走来走去，他反复考虑着那个人会不会真的把自己店里的事情泄露出去，一连几天都茶饭不思，甚至期待着那个人会再来。

就在这个时候，曼特利清醒了过来，他想起我曾经在培训班中讲的卡瑞尔先生的思维方法，于是他也照着做了起来。他首先给自己提出一个问题"如果这件事真的泄漏出去，可能发生的最坏的情况是什么呢？"

不用多想，曼特利自己就得出了答案："我的店会被执法者查问、处罚甚至勒令关门，生意会被毁掉，我自己在这片市场中的信誉也会毁于一旦，可能以后都无法在这里立足了。"

接着他又问自己："如果这种情况发生，我会遭到什么不幸呢？"这个答案倒是让曼特利顿时轻松了不少——生意失败，我只需要重新找个工作就行了。

把最坏情况都考虑到的曼特利知道自己该怎么做了，他向自己的律师求助，请他写一份材料报到市场管理局，坦承了这件事情。最终这起风波的结局令人惊奇，那个所谓的"市场调查员"根本就不是这里的人，而是一个通缉犯，他试图对曼特利进行诈骗。对于曼特利店铺的违法行为，市场管理局的人也只是通知他进行整顿，并没有勒令他关门的后果。

看到了吗，女士们，如果你把困难估计得太过可怕，那么你就会做出不当的判断，甚至因此犯下错误，反之，如果你连最糟糕的情况都不怕了，眼前的困局也不会干扰到你的思考。因此，你就可以摆出成熟女人的姿态，冷静地分析工作上的困难，把事情处理好。

女士们，你们还记得自己工作中上一个困难是什么吗？每个人在工作中都会遇到大大小小的困难，甚至有时会遭遇到巨大的危机。当那种局面真的降临时，你能做些什么让自己不会犯错？

女性在工作中遇到困难时，最不需要做的就是逃避。逃避不能解决任何问题，只会让自己的人生多一笔逃跑记录。

伊丽莎白是我的一位朋友，她是一家大公司的高层主管。三年前，她的公司出现了一次大危机，公司的总裁下台，公司股价出现大幅波动。在那段时间里，公司旗下的十几个品牌有半数出现了亏损，股价跌到了历史最低点。这家大公司出现了巨大的困境。就在这个时候，伊丽莎白作为高层中仅有的女性也向董事长提出了辞呈。

伊丽莎白说，这次公司的危机并不是让她离开的原因，反而是她推迟离开的因素。早在发生危机之前，伊丽莎白就因为不满公司严重的官僚体制和迟滞的办事效率而动了离开的心思。她在公司里任职了八年，曾经数次抨击公司人浮于事、管理混乱，却没有见到任何改变。危机发生时她正在考虑递辞职信，因为不想造成临阵脱逃的印象她还犹豫了一段时间，最终忍无可忍地去找了董事长。

赏识伊丽莎白的董事长当场把她的辞职信撕掉并告诉她："你可以挽救公司。"

伊丽莎白却再次打印了一份辞职信，坚持要离开，董事长不断挽留她，和她进行了数次长谈。伊丽莎白向董事长讲述了公司的一系列弊端，说起自己对公司现状的失望，她说："虽然我们还是世界大企业之一，可是我感觉它已经死了。"

"那你为什么不留下来让它脱胎换骨呢？"董事长告诉伊丽莎白："如果你愿意，现在你就是总裁。"

伊丽莎白考虑了一会，她的目光变得坚定起来，只说了一个字："好！"

后来，伊丽莎白对公司的人事和管理制度进行了大刀阔斧的整顿，终于把公司从困境中解脱出来，再次获得了盈利。而她本人也成了企业界的传奇人物。

我想，在这个事例中有两个值得佩服的人物，一个是董事长，一个是伊丽莎白。董事长敢于把公司交给伊丽莎白这个闹着要辞职的人，而伊丽莎白在考虑之后敢于接下公司——不客气地说，那是一个烂摊子，如果不从骨子里整顿，两年内就会破产。

女性的承受能力天生就比男性弱一点，不要用女权的观点抨击我，因为你也要正视男女的身体属性和历史对当下的影响。所以，女性在处理困难的时候要更加坚强一点。遇到困难的时候，请保持乐观的心境，无论发生怎样的困难都相信自己能够解决、事情会向好的方向发展。即使最终搞砸了，我们还有其他办法可以起死回生。

幸福箴言

在人生的历练当中，如果连最可怕的情况都想到了，那么次等可怕的也就没什么了，女士们，当工作中出现困难的时候想想这不算什么，人就会变得更有信心！

消除疲惫，轻松生活我做主

每个人都会有感到疲惫的时候，面对疲惫，是不停地抱怨，还是学会放松，这是生活能否幸福的一个重要的因素。女性朋友们，当你发现自己身心俱疲的时候，其实，学会放弃和调整，是远离疲惫的方法，也是获得幸福感的不可缺少的要素。

在我的培训班里，一些来学习如何演讲的人经常向我提起他们的日常工作。我在听了很多抱怨之后，发现绝大多数的职业工作者都有一个共同的特点，就是疲惫。他们在心理、生理上都已经变得非常疲惫，精力不足，总是感到劳累、打不起精神来，人也显得萎靡不振。这个时候，如果向他们提议去做什么，他们多半会摆摆手说："改天吧，我现在累死了。"即便如此，他们平时也休息不好，经常被失眠和烦躁困扰。

我有一位朋友名叫玛格丽特，她是一家公司的高级职员，工作非常忙碌，她经常觉得很疲倦，每天早上都睡得很沉，连闹钟都叫不起来。但是后来情况发生转变，她开始失眠了。

事情的起因是一次训斥。玛格丽特曾经因为早上起床晚而迟到，类似的情况被老板抓到了几次。某一天，老板忍无可忍地把她叫去批评了一顿，警告她如果再敢迟到就解雇她。玛格丽特连忙保证再也不会了。她回到家里之后买了好几个闹钟，定好时间好让自己能够准时起来，因为心里担心，她睡觉时总是想着不能迟到，眼睛不时瞄向闹钟。就这样，她再也没有迟到过，却因此睡眠不良，慢慢地患上了失眠症。

玛格丽特每天晚上都饱受失眠之苦，躺在床上辗转反侧就是没有睡意，头却越来越疼，经常到了凌晨两三点才迷迷糊糊睡一会儿，不久就头昏脑涨地被闹钟叫醒。玛格丽特向女性朋友们请教了不少方法，她喝牛奶、泡澡、数数字，但是都没有什么用。玛格丽特因为休息不好，心情又焦虑，导致精神、气色都很差，上班时也不能专心。晕晕沉沉的她苦恼：再这样下去，我就要活活地累死了。如果还是这样，除了辞职我别无他法。

无可奈何的玛格丽特最后去看了医生，在医生的帮助下她放松身心，终于缓解了失眠情况。

我在一次和玛格丽特的聊天中听说她失眠看医生，就问她："医生是不是说你的失眠是心理原因引起的？"她惊讶地说："你说的对极了，医生起初怀疑是神经衰弱，后来判断说我是心理过于焦虑引起的失眠。"

我知道了答案之后，想起了在我的培训班里，有不少的女学员经常抱怨她们的工作压力大，整天精神恍惚，晚上偏偏睡不着。据说，在现代都市中，每天都有相当一部分人因为失眠而痛苦。而失眠还不是最大的问题，很多人因为疲劳而感到忧虑，甚至患上了抑郁症，对生活失去了向往。

不可否认，许多人的疲劳不全是因为工作量太大，还有自己工作不够效率化的因素存在。我的培训班有一些学员就曾经告诉我说，她们在刚刚入职的时候总是非常累，因为工作效率不高，只能一再重复工作，还不得不为了跟上进度而加班。于是，我认为，想克服工作带来的疲倦，第一步就先要把因为低效率导致不能休息的情况改变一下。

为了赶工作而牺牲睡眠时间，这在上班族中十分常见，一开始还可以撑过去，但是一次、两次、多次之后，就算是钢筋铁骨也吃不消。因此，女士们，如果你是那种用堆积时间来勉强完成工作任务的人，请从现在开始，把工作整理一下，开始提高效率。

兰德尔小姐在辞职之后，应聘到了一家化妆品公司担任文员。她之前是在金融事务所工作的，对于数据整理还算擅长，但是到了化妆品公司之后，她的工作能力就有点捉襟见肘。之前在面试中被肯定的语言组织能力到了具体的工作中只发挥出了一两成，由于对化妆品行业的不了解，她在信息收集和整理上总是找不到重点，因此一再被上司批评重做，就这样，她只能一遍遍地去改正自己的文稿。为了不耽误工作，兰德尔小姐心情有些急躁，她拼命地加班想跟上其他人的进度。

又有一次，兰德尔因为一些失误导致文件被发回重做，她叹了一口气，准备晚上加班。这个时候，一个年龄比较大的同事对她说："看你气色这么差，晚上是不是经常加班？这样可不行，在工作上下工夫也不应该用这样的方法。"兰德尔小姐顿时醒悟，她向其他同事请教工作中的重点来逐步掌握做事规律，自己又在工作中了解了行业知识。慢慢地，她觉得手头的工作做得越来越顺利，效率提高了很多。现在，每天到下班时间，兰德尔小姐就能够完成工作毫无负担地回家了。

对于这种工作效率低造成的疲劳，我建议女士们可以从改善工作方法入手。合理地安排工作强度，对自己的工作进行切合实际的计划。

令人担忧的倒不是那些对工作不擅长的人，而是一些太拼命的人。很多人被称为"工作狂"，他们工作非常认真仔细，事无巨细都要亲自盯着，平时也不注意休息，工作时间长、强度大，如同患上强迫症一样不停歇地为工作奔波。别人加班是因为工作量没有完成，而他们加班是因为"热爱"加班，不做心里就会不安。女士们，你是不是这样一个工作狂呢？当人们为工作而拼命的时候，实际上是为自己埋下了疲劳的隐患。

我的培训班里有一位女学员尼娜，她是一家大公司的主管，她作风强势，工作积极努力，外表看起来也相当有活力。但是没有人想到，她的疲劳不是在外表上，而是在心里。

尼娜是个事业心非常强的人，为了得到上司赏识，她每天都拼命工作，甚至要求部门职员和她一起加班，引起了许多不满。但是她依然故我，因此在部门里得到了"工作狂"的称号，大家都说她是超人体质，不知道疲倦。

但是实际上，尼娜拼命工作的背后却让人感到很悲哀，她在放下工作之后总觉得心里空落落的。这种空虚感令她难以释怀。有一次在上班时，她的心里突然冒出了一股任性的情绪：不做了！

尼娜因这个突然爆发的想法而恐慌，她找到我倾诉内心的无助，我告诉她："其实你对现在的工作已经疲倦了，是功利心支持着你不停地运转下去。你只是在用表面的风光掩藏内心的疲惫而已。我想问你一个问题：生活是为了工作，还是工作是为了生活呢？"

"有什么区别吗？"尼娜不解。

"当然有。"我告诉她，工作应当是为了实现自己的事业理想，或者是为了更好的生活，但是当你的眼中只剩下工作却忘却了生活的真谛时，就难以享受到工作带来的乐趣了，心灵上也会因为没有乐趣而疲劳。

像尼娜这样的工作狂人，她们最需要的就是放松，不要把精神上的那根弦上得太紧。如果女性职员长期感到力不从心就应当反思，是不是自己给自己的压力太大了。

其实在很多时候，人们感到的疲劳不是由工作强度引起的生理疲劳，而是"心累"。

薇薇安是纽约一家保险公司的业务员，她自从上班以后就没有一天不烦恼的，总是觉得很烦躁，没有精神。

在最初进入公司的半个月，薇薇安没有拿到一笔业务单，她心里很着急，因为在这个行业没有业绩是无法生存的，她到处跑业务，耐着性子和一个又一个客户打交道。为了说服客户办理保险业务她费尽心思，还要忍受不少人厌烦的态度。在那段时间里，她每天回到家，一进门就会扑到床上，怎么也不肯起来，感到心力交瘁。

度过了最艰难的一个月之后，薇薇安的保单成功率越来越高，她逐渐在公司站稳了脚跟，收入也增加了不少，但是薇薇安仍然不快乐，她感到自己不喜欢做业务员这类工作。薇薇安在大学里原本是学哲学的，工作以后她更加怀念自己在大学时的生活。

虽然对工作不感兴趣，却为了生活而不得不努力，薇薇安感到越来越苦恼。现在的她每天都难以集中精力，在路上换乘交通工具的时候还经常打盹。问她是晚上睡眠不足吗？也不是，她只是没有理由地感到疲倦。

薇薇安本来是为了锻炼自己的口才来到我的培训班的，后来我发现她对工作缺乏热情就对她进行了一系列辅导。在这个过程中我体会到了薇薇安的倦怠感，对她提出了换份工作的建议。薇薇安在思想斗争了一段时间之后，从保险公司辞职，去了一所博物馆任资料员，后来再见到她时，她告诉我现在虽然收入不如保险业高了，但是精神好极了。

我想说，女士们，其实对付疲劳最通常的办法就是休息。看似很简单，却很少有人能够做好。我们知道的休息方法有睡眠、泡热水澡、外出走走、听音乐、按摩、享受美食等。而在时间安排上，我建议各位女士要学会合理安排自己的时间，在工作期间穿插休息日是消除疲劳的好手段。如何利用周末是一种非常重要的技能。如果你是脑力工作者，最好在周末时进行一些愉快身心的户外活动，例如郊游、爬山、去公园之类。而体力劳动者要做一些轻松不费力气的事情。

休息中最重要的一项就是保证睡眠质量。睡眠要有规律，按时就寝、定时起床，保证有充足的八小时睡眠。如果晚上睡眠时间压缩了一定要在白天找时间休息半小时左右。

幸福箴言

工作是为了幸福，不是为了累，女士们，过于疲劳的女人不会有光彩，为了生活得幸福一些，记得好好休息。

Part 04

用心经营你的家庭

一个女人如果选择了婚姻，选择了生孩子，她就不会否定家庭主妇的价值。不管有没有另外担任职业女性的角色，她都会充满自信地承认自己是一个家庭主妇。

04 ▸▸

放低身段，温柔如风吹拂全家

约翰·格雷曾经说过："男人来自火星，女人来自金星。"这来自不同星球的两个人，生活习惯千差万别，爱好兴趣迥异，要想生活在一起，必定要爆发一场星球大战。在这场大战中，女人最重要的便是要找好自己的位置。

在爱情和婚姻里，谁高谁低，到底谁是主人，这似乎是一个永远难以回避的问题。从古至今的人们都在纠缠着这个问题。甚至于古代的新嫁娘，在出嫁之前，母亲会偷偷地告诉女儿，要在新婚之夜，将自己的鞋子放在新郎的鞋子上，这样，以后的日子才能镇得住他。同样地，新郎也会接受这样的"教育"：千万要把你的鞋子放在上面，不要让妻子骑在你的脖子上。于是乎，新婚夜里，这两双鞋子会被偷偷地动来动去，谁也不肯甘居下风。其实，这样的争执在所有的爱情和婚姻关系中，都是存在着的。

但是仔细想想，这样的争执有什么实际的意义吗？为什么一定要分辨出谁高谁低呢。这其中，就有一个问题，即使在身段放得很低的时候，女人要怎么样才能达成自己的目的呢？这就有两种方法。一种是强迫对方，一种是戴高帽子，让对方心甘情愿地按照你设想的方向前进。

我们先说第一种方法。其实这是非常不明智的，女人千万不要想着将自己的意愿强加在丈夫身上，因为没有人愿意被人强迫去做一件事。

不久之前，我去拜访老朋友弗拉德，刚刚进门没多久，我就听见弗拉德的妻子丽莎在高声地叫喊着："弗拉德，你怎么还磨磨蹭蹭地没准备好啊，我不是和你说，要去时尚广场吗？你必须要陪我去。"一听到这话，弗拉德有点挂不住脸了，他很不耐烦地说："我知道，可是现在有客人在啊。"这时候，丽莎也下楼来了，看见我坐着，说："那算了吧，我们下午再去好了。"这种情况弄得我很尴尬，不知道是不是应该马上告辞，好让人家夫妻俩去逛街。幸好，弗拉德并没有怎么介意，热情地和我继续聊着。

这之后没几天，弗拉德惆怅地来找我，告诉我说，他想和丽莎离婚了，我感到非常惊讶，问他原因，他迟疑了一小会儿，告诉我说："我实在是没有办法和这样的女人继续生活下去了，你根本就想象不到，我现在一丁点儿自主的权利都没有，丽莎想要做什么的时候，我就必须得服从。如果我表示出一点不满意，她肯定会大吵大闹。就比如说前两天吧，如果不是你在我家，我要是说不去陪她逛街，那肯定会吵翻天了，就算是你在，她当时没有说什么，下午去逛街的时候，还是非常不满意的。我觉得我简直不是她的丈夫，而是她的奴隶一般。这么长时间以来，我一直忍着，因为有孩子们，我不想他们受到伤害，可现在，丽莎越来越变本加厉了，我实在是受不了了，我要为了我的自由和权利反抗，我一定要和她离婚。"

听着弗拉德的诉说，我感到非常的遗憾。因为丽莎其实也是我的好朋友，他们的爱情和婚姻我一直看到今天，我知道丽莎还是非常爱弗拉德的，她也从来没想过，要把弗拉德当成是奴隶，但是她却用了这种"强迫"的方法来表现自己的爱，将自己定位成一个女王，从而使得弗拉德无法忍受，想要推翻她的专制统治。事实上，我只能说，这是不懂爱的悲哀。

之前，曾经在一本杂志上看到这样一段话：所有的人都渴望从别人那里获得尊重的感觉，尤其是男人。男人总是希望按照自己的思路去解决问题，在他们看来，建议是这个世界上最愚蠢的事情，更不用说强迫了，那是男人最不能容忍的。如果男人和他的妻子发生争吵，很大一部分原因都是由于妻子强迫他做一些事情，而对此，男人的态度便是反抗。如果有的人当时没有反抗，那有可能是在积蓄力量，等待一次性的爆发。

事实上，像丽莎一样的女人，还有很多很多。她们不懂得该怎么样让她的丈夫去做事，总是单调的强迫，她们总是用"必须""你应该""你一定"这样的字眼，就算是男人答应了她们的要求，那也是不情愿的。举个例子来说，如果你说："我明天要去拜访姑姑，你要和我一起去。"可能这个时候，你丈夫的心中正在想着："我为什么要去，她就是一个啰嗦的老太太，而且还吝啬，我干吗要去讨好她？"在你的威压之下，虽然说你的丈夫答应和你一起去，但是他的心里是非常不乐意的，他之所以答应你，并不代表他赞同你的观点，只是因为他爱你，仅此而已。而且你的这种命令式口吻，也表明了他是在你的强迫之下去做这样的事情。

如果一次两次也就罢了，长期这样，你就会伤害到他的自尊心，要知道，男人的自尊心是非常强烈的，这几乎是在要他们的命。他们到了最后，肯定会不惜一切代价来捍卫自己的尊严，这个时候，我想不出他们除了反抗之外，还会做什么。所以说，强迫男人做事真是很不明智的行为。接下来，我们再来说说第二种办法，那便是戴高帽子，引导男人主动去做事。我认为，这是再好不过的一种方法了。其实，没有女人不希望自己的丈夫是完美的，她们恨不得世界上所有的优点在自己的丈夫身上都能有所体现。但事实上，这也只能是梦想而已，现实是无比残酷的，于是，女人们就想要改造自己的丈夫，让丈夫按照自己的想法去做事，去和人相处，前面已经提过了，强迫是最愚蠢的方法，那相对应地戴高帽子，适当地引导才是最有效的行为。

我这里说的高帽子，可绝对不是那种假情假意的称赞，也不是溜须拍马，而单纯就是一种希望，你希望对方变成什么样，你希望对方怎么做，这高帽子就是什么样的。著名作家莎士比亚曾经说："假如你想获得一种美德，那么，你就应该假设自己已经拥有了它。"我想说的就是这个意思，如果你想适当地改变自己的丈夫，那么最好的方法，就是引导他，让他觉得那种特点已经成为了他的标签。

罗纳德夫人成功地用这种方法改造了自己家新雇用的女佣。这个女佣叫伊娃。在她还没有上任之前，罗纳德夫人打电话给她的前任雇主，询问了一下相关的情况，却发现，这个女佣简直是相当的糟糕，她干活笨手笨脚的，做的饭也非常难吃，而且这个人本身就是邋里邋遢的，她打扫的屋子从来就没有干净过。听到这样的评价，罗纳德夫人的心都凉了，但是她并没有打算放弃，在她看来，只要是人品不错，那这个人就还是有前途的，还是可以改进的。于是，思来想去，罗纳德夫人打算用一下戴高帽子的方法。

没过几天，伊娃就来报到了。见面以后，罗纳德夫人非常温和地说："伊娃，我通过你的前任主人，了解了一些你的情况。"她刚说到这儿，就看到伊娃的脸色一下子难看起来，她低着头，再也不肯抬起来。但是罗纳德夫人没有停止，她继续说："我很庆幸，我请到了你这样一个女佣，你的前任主人告诉我说，你做得非常棒，勤奋踏实，做的饭也好吃，但就是有一个小毛病，那就是你不怎么注意家里的卫生。不过，现在看到你，我觉得我的这个担心有点多余了，一个长相干净、衣服整洁的女孩子怎么可能会把屋子搞得一团糟？所以我完全不用担心。现在，伊娃，欢迎你来到我们家，相信我们以后会相处得非常愉快。"

听到罗纳德夫人说的话，伊娃根本就没有反应过来，她简直不敢相信，她会给人留下这样的印象，要知道，以前她可都是差评。但是在罗纳德夫人鼓励的目光下，她还是羞涩地点了点头，表示自己一定会努力做好。

事实也正如罗纳德夫人所期盼的那样，伊娃做得非常好，她将家里打理得井井有条，因为她知道，在自己的主人眼里，自己就是世界上最好的女佣，所以她不能让人失望，她必须按照这样的标准要求自己。所以，一切都进行得非常顺利。有的时候为了要把屋子打扫得干干净净，需要干好几个小时，但是伊娃从来都没有抱怨过。

一个女佣在这样的激励下，尚且能够有这么大的改变，你难道还不相信你的丈夫会在这样的激励下做出适当的改变吗？女士们，想来，让男人们改变，最简单、最潜移默化的方法莫过于不停地告诉他们，"你是世界上最优雅的绅士""你是最体贴的男人"……在这样的目标引导下，男人们便会顺着你说的这个不断进步。这样的方法，要比强迫他来得温柔得多，也有用得多。

事实上，女士们，除了这种善意的引导之外，你还可以改变自己说话的方式，将硬邦邦的命令变为委婉的建议，这样的话，男人们会更愿意按照你的想法去做。

洛林先生是一个十分不拘小节的人，他经常会把妻子辛辛苦苦整理好的房间弄得脏乱不堪。当然，他并不是故意这样做的，但是他真的不太清楚自己的哪些行为会造成这样的破坏，他也根本就不知道怎么做是不对的。刚开始的时候，洛林太太非常生气，她采取了最直接的方法，命令洛林先生不准这样，不准那样，但是毫无效果，她刚说完，洛林先生转身就忘了。而且，因为她经常说教，夫妻两人就经常吵架。后来，洛林太太觉得这样实在不是办法，就开始筹划，她向一位专家取经，决定改变自己的做法。

这一天，洛林太太刚刚打扫完房间，丈夫便又叼着烟，想进去搞点什么破坏了。洛林太太没有直接训斥，而是微笑着问他："亲爱的，你觉得咱们的屋子现在是不是特别漂亮啊？"洛林先生环视了周围一圈，然后肯定地说："是啊，非常漂亮，怎么了，亲爱的？"太太接着问："那你愿意在这样的环境下生活吗？""当然了。""那你是不是也愿意为了保持这种美好的环境而做点什么呢？"洛林先生低着头想了想，说："是啊，我应该做点什么。"说完之后，他就立即把手里的烟给熄灭了。

洛林先生在太太的设计下，一点一点地随着她的问话走下去，最终自己心甘情愿地说出了应该怎么做，这很难吗？其实一点也不难。这种做法，要比强迫和命令来得省劲，也来得有效。其实，如果妻子就像这样，给丈夫一些自主的权利，让他们来做自己感觉对的事情，这顺理成章就行了。

女士们，你是否觉得这个方法很有效呢？而且最主要的是，它很简单，也就是脑袋里多转个弯，多动动嘴皮子的事。或许你已经非常赞同，那么，还等什么呢，就按照这样去做吧。

事实上，很多女士看到别人的丈夫有这样那样的优点，殊不知，这些优点都是被自己的妻子调教出来的，相信你也会掌握这样的好方法，即使放低了身段，即使和声细语，也完全能改造出一个好男人。

幸福箴言

男人有的时候会因为过分的自尊而忽略了别人给自己的好的建议，可能他只是拉不下面子，觉得受到了伤害，所以，强迫是不可行的，放低身段的劝导才能最终达到目的。

适当撒娇，顽石也会温柔

撒娇长时间以来，一直都是女人的天性。一个女人，可以不是很漂亮，但是一定要会撒娇。只有会撒娇，才能春风化雨，一个再彪悍的男人在一个会撒娇的女人面前，也强硬不起来，最终会低下自己的头颅。

　　大部分的男人都有喜新厌旧的毛病，在这样的劣根性固然存在的情况下，一个女人要怎么样才能讨男人喜欢并且让男人永不厌倦呢？一个重要的方法就是要做一个懂得撒娇的女人。一个家庭中，有一个会撒娇的女人，氛围会更柔和。

　　曾经有一个哲学家说过这样的话：只要你懂得称赞老婆的旧衣漂亮，她就不会吵着要买新衣服；只要你吻一下妻子的眼睛，她就会变成瞎子；只要你亲吻一下妻子的嘴唇，她就会变成哑巴。这样的话，放在会撒娇的女人身上也是适用的。只要你懂得称赞亲爱的有才干，他就会更卖力地为你工作；只要你温柔地抱他一下，他就不会生气，不会动粗；只要你吻一下他的嘴唇，他就不会说出什么不好的话来。女士们，你们要知道，家庭不是法院，不需要长篇大论，也不需要非争一个面红耳赤、你高我低，只要你懂得撒娇，懂得体贴，再强硬的男人也会变得体贴听话。

我的邻居邦德和太太杰奎琳是一对年轻的夫妻，他们身上有着这一代年轻人的特点，热情、焦躁，两个人新婚没多久，就"大吵没有，小闹不断"。为此，我也挺惊讶的，他们总是吵架，但是感情却没有因此淡薄，原因是什么呢？后来，在杰奎琳和我太太逐渐熟悉以后，我们才了解到，他们两人有一个最重要的法宝就是撒娇，杰奎琳撒娇，只要她一撒娇，邦德便把一切的不愉快都忘了。忘了丈夫的生日，便急中生智，将自己当成生日礼物送上，再用上一副"如果你敢说这个生日礼物不好，那就是嫌弃我了"的期待而又委屈的表情，邦德肯定就不会生气了；如果邦德的心情不好，杰奎琳也会想出各种各样的方法逗他笑。杰奎琳说，事实上，他们两个吵闹过之后，总是会哄着对方笑，这样一来，即使再生气，也绝对不会记在心里的。

杰奎琳还和我的太太说了他们家做家务的方法。因为两人都是年轻人，都有工作，还都有一点点懒，所以他们也没有固定说一定要谁做家务，而是采取了猜拳的方法，猜输了的人就要去干活。但是轮到邦德去干活的时候，他却总是耍赖，要么赖在电脑前不肯离开，要么躺在沙发上不动弹。但每次，杰奎琳都能成功地将邦德叫起来，乖乖地去干活，至于方法，其实也挺简单的，还是撒娇。举个例子，如果轮到邦德去做饭，但是他却迟迟不去，杰奎琳便会开始撒娇，先是说："亲爱的，刚刚你猜拳输了哦，你要敢作敢当，要去做饭了。"没反应，那再来："亲爱的，人家饿了嘛，你快去做饭啊。"还是不动的话，那就再接再厉："亲爱的啊，难道你舍得饿着你的宝贝吗，人家饿得肚子都叫了。"这番话，再配上一个"委屈、可怜、泫然若泣"的表情，邦德一定会乖乖地买账。如果说，轮到杰奎琳干活的时候，她又实在不想去，有时候也会用撒娇来逃避问题。只要轻轻地抱住邦德，温言软语地说："亲爱的，人家现在好累啊，动都动不了，你帮忙擦一下地，好不好吗？"大多数情况下，邦德都会照做的。

想想看，难吗？其实太简单了。因为这样的撒娇中包含了对对方的认可和欣赏，能满足对方的虚荣心，所以他肯定会照办的。

一个会撒娇的女人，在男人眼里会显得更有魅力。她们的一个娇嗔、一个媚眼，就有可能会使男人心旌摇曳。事实上，撒娇可以说是一种本领、一种技巧。如果能够做得恰到好处，便会招到男人的爱怜，会让人觉得这个女人温柔、可爱。这真是一种强有力的武器，所以，女士们，请不要放弃这一得天独厚的武器。如果在恋爱的时候适时撒娇，那基本就能够得到恋人的喜欢，如果在结婚后撒娇，那也能够让丈夫产生爱恋之情。一个千娇百媚的妻子在丈夫面前撒一番娇，就会很轻易地激起爱的涟漪、情的浪花。在撒娇的这个过程中，丈夫会领略到被爱的自我价值，从而获得高度的心理满足，使夫妻间的亲密关系上升到一个更高的层次。

有这样两个女孩子：一个很漂亮但是常年面无表情，不苟言笑；另一个虽然相貌平平但是笑口常开，温存娇气。如果让男人在其中选择一个的话，相信聪明的男人都会选择后者。毕竟样貌不能当饭吃，而温存娇气的女人则会带给男人更多的感觉。事实上，男人是最懂得感情的重要性，无论一个男人再成熟，他都需要关爱与照顾，他天生就有对母性的依赖性。从这个角度来说，男人其实很好哄、很好骗，只要你对他多一点关心多一点温柔，他就会乖乖地把心肝掏出来。

撒娇就是这样一种有力的武器，那你懂得该如何撒娇吗？有不少人认为，撒娇就是将声调拉高8度，拖长尾音。其实，这种认识是不对的，这样的做法时间长了，会让人以为是发嗲，没有实际效果。而真正的撒娇应该是非常有学问的，不但有不同的技巧和方法，而且看情况才能决定到底要不要撒娇，要在正确的时候适当地撒娇。撒娇太少，男人会觉得女人缺少情趣；撒娇太多，又会让男人渐渐麻木，失去感觉。而且在不适当的时候撒娇，会更令人反感，弄巧成拙。

聪明的女人懂得撒娇，会撒娇的女人，她们知道什么时候、什么场合该撒娇，而下面的三种情况就绝对是撒娇的禁忌了。

首先，在公共场合不能撒娇。

对男人撒娇，应该是两个人私底下的小情趣，非但不会尴尬，还会提升生活的情趣。当然，如果你不觉得肉麻的话，在众目睽睽之下，偶尔地撒撒娇，搞一些小幅度的动作也还是可以的。但是如果你的男人带你去一些公共场合，比如说晚会、饭局等，就绝对不能有撒娇的行为。因为在这些地方，男人碰到的主要都是和自己有公事关系的人，例如上司、生意伙伴等。这个时候，男人需要的就是一个出得大场面的女人，而不是一个不懂事的女人。你可以试想一下，要是你的男人正在和他的上司谈论一个重要的项目，你突然走过去，抱住自己的男人，娇滴滴地说一些没有用的话，会是什么效果。相信没有人觉得那样的场面很可爱，反而是很可恶吧。

其次，心情不好的时候别撒娇。

前面我们说了在公共场合不能撒娇，但这并不代表在二人世界中，你就可以无时无刻、随意地大撒特撒，你还是要看你丈夫的脸色行事的。如果他的心情不好，脾气也比较急躁的时候，你再跑去撒娇，明明是一点儿小事，也可能会引起他的怒火，而且还会让人觉得你不识时务，不理解他。所以，在遇到男人发火的时候，还是收起撒娇的那一套吧。同时，如果男人正在聚精会神地干活，或者专心地思考某一重大问题的时候，女人最好还是识趣一点，不要贸然去打扰。

再次，不要过分撒娇。

其实，这也正是物极必反的原理所在。女人向男人撒娇，无非是想让他用行动或者言语来重视自己，如果他已经有了一定的表示，那你就应该见好就收。如果在获得了甜头之后还不懂得收手，还要继续再闹下去，一次两次的话，还可以讨好男人，但是长期这样不知进退，只会让男人觉得你难以伺候，久而久之，也就对你的撒娇不感冒了。

在现在的社会中，不仅仅是女人撒娇，男人也偶尔会撒撒娇。曾经有一项调查显示，在不同国家、不同种族、不同教育背景、不同年龄特征、不同收入水平的1400个家庭里，都出现了一种有趣的现象：男人在家里撒娇的频率甚至会超过妻子。根据调查，这些撒娇的男人并不是生活的弱者，他们的撒娇不是为了得到什么，只是一种童真的可爱。

真正懂男人的好女人，会在男人撒娇的时候，运用自己先天的母性，抚慰男人的心，帮助男人站起来。

幸福箴言

　　每个失败的男人，背后总有一个不懂事而且又不会撒娇的女人，在男人陷入低潮或者压力过大、需要缓解时，她们只会大吵大闹，不停地指责，而会撒娇的女人，则可以造就出成功的男人。其实，最有效的撒娇，是要懂得收放自如，这样的撒娇才能得到最大的回报。

关注细节，为家洒满爱的阳光

婚姻的本质是一连串细节上的东西，如果你忽视了细节的作用，就会在生活中导致各种各样的矛盾，而这些也正是导致婚姻危机的根源。

芝加哥有一位著名的法官，叫萨巴兹，他办理过很多的案件，其中最多的就是和婚姻有关的案子。也正是由于有了这样丰富的经验，他对于婚姻和家庭，乃至导致离婚的原因有着更为深刻的认知。

我曾经问过他，什么是导致婚姻失败的罪魁祸首。他给出了让我十分震惊的回答："很多人都认为婚姻失败的主要原因是经济困难、性生活不满意、个性不合等。但事实上，根据我处理了这么多的婚姻案件来看，上面讲的这些问题虽然起到了很大的作用，不过却不是最主要的原因。大多数的夫妻不能和睦相处，最终导致婚姻破裂，最根本的原因在于他们都忽视了生活的小细节。不要以为细节不重要，其实，这些潜移默化的微小行为正蕴含了两人之间的感情。如果妻子都能够在早上出门的时候愉快地和他挥手说再见，那么芝加哥的离婚率将会下降很多。"

开始的时候，我并不赞同这一观点，但是，萨巴兹给我讲了一个故事，这是他曾经调解过的一桩案子。当时，这对夫妻来找他，告诉他说，他们两个已经下定决心要离婚了。于是，萨巴兹要求他们坐下来，商讨一下有关离婚的条件和各种各样的分配问题。经过一阵讨论之后，这对夫妻惊讶地发现，他们在很多事情上都还会考虑对方的需要，还惦记和关心着对方。萨巴兹语重心长地对这两个人说："其实我见过太多像你们这样的夫妻了，你们之间的爱情并没有消亡，只不过是被繁忙的工作和生活中各种琐碎的细节所淹没了。"后米，这对夫妻在他的调解之下，选择了撤回离婚诉状。

听完这个故事之后我惊奇地发现，细节在婚姻中还是发挥着重要作用的。一段婚姻实际上就是由成千上万个细节所组成的，当你忽略了一个细节的时候，可能还没有什么问题，但是当你忽略了所有的细节的时候，你会发现，你的婚姻已经走到了毁灭的尽头。阿迪娜·米勒曾经说过："毁灭我们幸福美好时光的并不是已经失去的爱，实际上，正是生活中的小细节促使了爱的死亡。举个例子来说，如果你的丈夫正惬意地靠在沙发上，跷着二郎腿看着电视节目，你很多时候只会看到这是一种没有修养、放肆的行为，但事实上，这对于你的丈夫而言，可能恰恰是一种美的享受。于是，在这样的两种理解不断累积之下，两个人之间只能是越走越远，难以挽回。"

爱因斯坦一生中曾经有过两次婚姻。他的第一任妻子，叫作米利娃，其实，她是一个非常美丽迷人的女人，但是她似乎更想从丈夫那里得到关爱和支持，而没有给予丈夫相应的温柔和体贴。结婚之后，她成天和爱因斯坦吵架，这样的婚姻只能是走到尽头。

爱因斯坦的第二任妻子，叫作爱丽莎，可以说，是这个女人改变了爱因斯坦。这位世界闻名的科学家曾经这样评价自己的这位妻子："以前我不懂得一个男人也是需要在小事上体贴自己妻子的，我一直都认为那些事应该是女人做的，只有科学研究才是最为重要的。但是和爱丽莎在一起以后，我逐渐地改变了这种想法，爱丽莎通过实际行动让我明白，想要获得美满幸福的婚姻就必须懂得相互体贴，这种体贴是要从小事入手的。"于是，爱丽莎和被她改造了的爱因斯坦走到了最后。这位妻子善解人意、体贴入微，让爱因斯坦疼到了心眼儿里，也在不知不觉中有了巨大的改变，而这，也是潜移默化的影响。

可以说，爱丽莎真是一个非常了不起的女性，她不仅改变了自己的丈夫爱因斯坦，而且让自己的丈夫获得了成功，缔造了一个美满幸福的家庭。也许有一些女士会忿忿地说："为什么我一定要温柔体贴他，无论我做了什么，荣誉最终都属于我的丈夫，那我又为什么要做这些呢？"事实上，这些都是你自己的选择，是你自己选择了这个和你相伴终生的男人，选择了这段婚姻，所以，经营这段婚姻也是你的责任，而且，现在需要你做的，又不是什么了不起的大事，只不过是让你关心、体贴自己的丈夫，仅此而已。这么细微的一件事情，难道你会做不到吗？肯定不至于，问题就在于你到底是不是愿意去做，是不是用心去做。

事实上，丈夫在生活中所能体会到的温馨和体贴都来自于一些细微的事情：早晨出门的时候，妻子和他微笑着说再见；晚上回家之后，可以见到已经放好的洗澡水；在工作劳累了的时候，抬手就可以端到暖暖的咖啡。这些事情虽然很小，但是让人觉得温暖而雅致。

有一些女士会说，她们也是这样做的，但是效果却并不好，为什么呢？我们来看个例子。当丈夫工作累了的时候，你是按照他的喜好已经泡好了茶，放在了一边？还是大声地问他："你需不需要来一杯茶？快说话呀，你想喝什么茶？"你想想看，前后两种不同的行为，效果会是多么明显，你能指望后一种行为带给你丈夫的是一种温馨体贴的感觉吗？显然不能。

古巴著名的象棋冠军姚斯拉尔·科波夫拉加和他的妻子就是一对令人羡慕的夫妻。事实上，很多的明星夫妻过得并不幸福，因为像这样的男人在事业上取得成功之后，往往会养成很多让人难以接受的坏习惯。姚斯拉尔的毛病就是太过于固执。为此，他的太太在生活中就付出了很多，同时也引导自己的丈夫自觉地放弃了一些非常固执的想法。

每当姚斯拉尔心情十分不好的时候，他都会坐在椅子上一言不发，这个时候，他的太太知道，绝对不能打扰他，于是就静静地躲在一边，让丈夫一个人默默地思考，但是她也不会离开太远，她知道，丈夫随时有可能需要她。很多时候，姚斯拉尔随口说了一个什么东西或者说了一件什么事情，过一段时间之后，他会发现，妻子已经将事情做好了。像这样的一些小事还有很多很多，这让姚斯拉尔非常感动，于是也慢慢地改变了自己的行为。

女士们，请你们记住一句话，没有付出是不会有回报的，哪怕他是你的丈夫，也不会平白地给你什么，所以，你应该将姚斯拉尔夫人作为自己的偶像，努力地向她学习。当你给予了丈夫生活中细小的体贴时，你也能够从他身上获得无穷的快乐。这是相互的。

幸福箴言

美满幸福的婚姻谁都想得到，但是付出与回报是双向的，所以，为了收获更多，请多体贴自己的丈夫，多关心自己的丈夫，尤其是一些生活的小细节。

提高效率，当好优雅的主妇

处理家务事永远是婚姻和家庭生活中一个不可忽视的问题。繁琐的工作，巨大的劳动量，似乎消磨了太多的爱情，如何处理家务事这一问题就变得越来越有分量了。

在我认识的人中，马格丽可以说是世界上最精明、最会处理家务事的主妇了。她是一位成功的女性，连续写了《怎样超越自己的平凡》和《变成理想中的女人》两本书，销量都非常好。我曾经参加过她组织的一次晚宴。整个宴会非常成功，房间布置得很漂亮，也很雅致，饭菜也十分可口，最为难得的是，马格丽一直陪伴着我们，没有在半途中或者其他什么地方出现了问题而离开。要知道，这真是一件了不起的事情。我看马格丽一点儿疲累的状况都没有，感到非常奇怪，就疑惑地询问原因，结果马格丽微笑着告诉我："其实，根本就没有什么秘密可言，所有的事情，我都采用了最快捷的方法。在你们到来之前，我就已经把鸡都炸出来了，当你们在客厅喝鸡尾酒的时候，我就将鸡放进了烤箱里，热了之后再端出来，至于水果沙拉，则是用罐头做成的。汤里面所用的青豆也是早就煮好了，只等着宴会开始以后，和蘑菇一起放进锅里，稍微煮一下，时间就刚刚好。"

我不得不说，马格丽真是一个善于统筹安排的人。这一切看起来是那么简单，但事实上，需要周密的思考和精准的对于时间和事件次序的把握，并不是所有的家庭主妇都能做到这一点。

我就曾经在宴会的过程中见到过这样狼狈的女主人。在她们看来，在家中请客吃饭真的是一件非常困难的事情，有太多太多的东西需要准备。为了准备这些，当客人们高兴地到达时，往往会见到一个疲惫不堪的女主人。

可能有一些女士们不相信事情真的有这么严重，但是我真的见识过比这更为糟糕的情况。

那一次，我去一位教授家吃晚餐，我们刚进家门的时候，我只看到了那位教授，教授很不好意思地说，他的妻子非常重视这次晚餐，因此一定要亲自下厨房去做菜，所以有点晚，请我们原谅。结果我们等啊等啊，过了很长的时间，我们总算见到了这位女主人。可是她的神色慌张，显然十分不在状态，也没和我们说上几句话就又跑回厨房去继续战斗了。

晚宴终于开始了，我必须得承认，所有的食物都非常好吃，但是我有点受不了这样的用餐氛围：每当一道菜快要吃完的时候，女主人马上就会离席，跑到厨房，帮助仆人准备下一道菜。我甚至都觉得我们不是在吃晚餐，而是在进行一场战争。等到晚餐结束的时候，我们所有人都长长地出了一口气。我十分地了解，这位女主人肯定不是故意把气氛搞成这样的，只是她不会做而已。

其实，我觉得，在今天这种大环境下，要准备一次晚宴，并不是多么困难的事，人们已经发明出了很多非常方便的东西，比如说罐头食品、冷冻食物以及其他各种很方便的餐具等。要做一个美丽优雅的家庭主妇，一定要善于把这些东西都利用起来。这些都是人类发明创造的产物，我们要充分地利用起来才行，而且这些东西真的非常方便，它们可以省去我们很多的时间和精力，效果也是令人极为满意的。

我知道，有不少人认为，那些罐头和冷冻食品的味道并不是特别好，而且肯定不能和自己动手制作的相比。但是，事实证明，这种说法并不一定正确，那些买来的东西也可以很美味，而且没有一个丈夫会希望看到自己的妻子整天就是在厨房里走来走去，劳累不堪。

我想，很多女士都是这样的。她们有一个共同的缺点，就是不明白用最简捷、最快速的方法完成工作才是最好的方法。给你举个最简单的例子。做饭的时候，你是选择将所有需要的东西一股脑都摆在面前呢？还是想要一趟一趟地跑？无疑，第一种办法是最省事的，但偏偏就是有很多人，一定要选择第二种方法，真的是令人难以理解。

我们再来说说整理房间，其实也存在着同样的问题。有很多的方法可以节省时间和人力，但是被主妇们忽略了。比如说，你可以选择在家中的一些角落里放上一些清洁所需的海绵和抹布，当然前提是不影响整体的美观，不显得突兀。比如说，如果你在浴室的角落里放上一块的话，那你就可以随时擦洗你的浴缸，因为不是很脏，所以工程量很小，经常这样做，就不用担心在星期天来一次集中的大扫除会累倒自己。如果平时能够做一些琐碎的活儿，那么你就不会在星期天的时候对着脏乱的屋子大感头疼了。

当然，如果我们不想要自己进行清理的话，还可以用到那些需要这份清洁工作的女士。她们的专业便是打扫房间，如果你和你的先生每天都忙于工作的话，或许你们家就需要一个这样的女佣。这样一来，你的工作就显得轻松很多了。

事实上，女士们在家庭中的家务劳动，还包括一个很重要的方面，那就是购物。这项工作需要花费很长的时间，有时候是为女士们所不喜欢的。那要想解决好这一问题，我有一些小的建议：

学会批量订购日用品；事先做好购买计划；每天做好购物笔记。

这样一来，我们的工作便轻松得多了。批量订购能够给你节省下一部分钱，还能够剩下打车往返便利商店的钱，而且，有的时候，批量订购还可以享受到送货上门的服务，那就更划算了。做好购买计划也是非常重要的，有了固定的购买目的之后，女士们才能够减少在店里瞎逛的时间，同时大大降低了女士们买到预算外的东西的风险。另外，购物笔记也是一种不错的方法，如果只是日常的生活，那么可能你不会用到这个，但是什么宴请啊、节日之类的，就需要用它来帮忙了。你可以把你所有能够想象到的需要购买的东西以及需要做的事情都写在上面，然后一点一点进行分析，避免忙中出错。同时，还能给大脑留下一定的空闲，实在是减轻了负担。

事实上，女士们，如果你们真的能够按照我说的这些方法进行便捷整理的话，你会发现，做家务也不是一件特别困难的事情。其实，我们的生活中还隐藏着许许多多类似的技巧，只要你留心，还能找到一些。

最后，我想说，保持愉快的心情也是高效地处理家务的一大条件。有不少人都在日常的家务工作中体会到了很多乐趣，这样，她们的生活会更加多彩。

幸福箴言

我们只有提高处理家务的效率，才能够留出足够的空间来做一些更加有益的、我们也更喜欢的事情。

提升自己，做一位合格的母亲

比尔·盖茨曾说："最有希望的成功者，并不是才华出众的人，而是那些最善于利用每一个时机发掘开拓的人。"对于不谙世事的孩子来说，家长对他们人生的设计起着举足轻重的作用。

有不少的家长认为，孩子教育的开始应该从他上学起算，但事实上，这种认识太过于狭隘了。人的教育应该是多方位的、全面的，这种教育应该是从很小的时候，从家庭教育开始的。著名的"交响乐之王"贝多芬，他的培养也是从小小年纪开始的。他的父亲约翰不仅让他从小听音乐，熟悉各种乐器，更是在他4岁时，甚至坐在凳子上够琴键都有点费劲的时候，就开始让他弹钢琴。8岁时，贝多芬就首次登台演出。正是这种从小就开始的教育才使得贝多芬的人生在还年幼的时候就有了远大的志向。

在父母的教育中，母亲的教育显得尤为重要。著名的社会学家卢卡尔·帕门德曾经说过："教育子女是母亲必须要履行的义务，同时也是能够给母亲带来最高荣誉的一件事情。应该说，所有的母亲都会把自己的爱全部奉献给子女，而且这种奉献是无私的。如果一个家庭中只有两块面包的话，那么母亲一定会将其中的一块留给丈夫，另一块留给孩子。"

确实，母爱是世界上最伟大的，最能彰显人性的一种力量。一个女人可能很自私、吝啬、贪婪甚至于是邪恶，但是她绝对不会虐待自己的孩子，她会将自己所拥有的一切东西都给予自己的孩子。在她们看来，孩子要比自己的生命还重要。

所有的母亲都是爱孩子的，但并不是所有的母亲都会爱孩子。要知道，每一个母亲对于子女的权利是通过两方面来实现的，一个是抚养，另一个是教育。很多母亲都只关注了对孩子的抚养，却忽视了对孩子的教育。也正是由于缺失这样的教育，或者说这样的教育不太完善，造成了很多孩子成长中的问题。

相信你对于下面的这些场景都不会陌生：

一个平常的日子，一所普通的学校，可是学校门口却站满了拿着扫帚、抹布、铁锹等劳动工具的妈妈们。原来，今天学校要大扫除，要求学生携带劳动工具来打扫卫生。于是，孩子们的妈妈请假的请假、旷工的旷工，不仅给孩子们送来了劳动工具，还一个个地亲自上阵干起活来。孩子们则都在旁边站着，看着自己的妈妈在劳动。

一个普通的家庭，一个普通的孩子和妈妈。妈妈在单位工作劳累了一天，回家后没有时间休息一下，第一件事反而是先去看孩子是不是在写作业，然后就又急匆匆地忙着做饭，招呼一家人吃饭。孩子刚一吃完，马上便又催促孩子接着去写作业，自己则是利索地收拾餐桌。收拾完之后，便是立刻坐到孩子身边，看着孩子学习。直到作业做完，妈妈则是利索地端来了洗脚水，帮助孩子洗脚，然后帮他洗干净袜子，最后还要铺床、铺被子，哄孩子睡觉。在孩子睡着之后，还要帮助他收拾书桌，将文具都装进书包里。

这样的情景想来大家都不会陌生，但是这样的教育会培养出一个什么样的孩子？女士们，你们想过吗？是四体不勤、五谷不分的人吗？是要捎带着妈妈才能上大学的"低能儿"吗？其实，这正是母亲教育的偏颇之处。

曾经，美国青少年家庭董事会秘书华兹先生曾经说过，"青少年缺少家庭的教育，尤其是来自于母亲的正确教育，是导致他们走上犯罪道路的主要原因。"

在俄克拉荷马州的一家联邦少年教养所内，我认识了这样一个孩子。他在说起自己母亲的教育时，神情是那样的痛楚，这让我感觉十分悲痛。这个孩子说，他在进了教养所之后，给母亲写了很多封信，信上告诉母亲，他在这里学到了很多东西，并且自己也有了很大的改变。但是出乎意料的，母亲的回信却带有浓烈的鄙视意味："请你以后不要再陶醉于那些微小的改变之类的无聊事情了。这个世界上除了监狱之外，没有什么地方是适合你待着的，你还是在里边好好地待着吧。"

看到这封信的时候，我被吓了一跳，这种鄙视和遗弃会给孩子带来多大的伤害啊。果然，看完信之后，孩子都有一些癫狂了，他的眼里散发出的是一种浓浓的失望和怨恨，一种仇恨的感觉。对于这样的眼神，我实在是不能坐视不管。于是我便跟这个孩子进行了长期的接触。

在他的情绪稍微稳定一些后，我和他谈到了他母亲的问题。我不相信有孩子生下来就是罪恶的，就要到监狱里去受刑罚的，这中间肯定是有着什么不可忽视的恶劣影响。果然，一段时间之后，我了解到，这一切的根源居然在于他母亲对他的教育上。

在他很小的时候，母亲教给他的知识居然是如何在别人不注意的时候偷拿东西。在他10岁的时候，在好奇心的驱使下，他迷上了抽烟，他的母亲也没有进行阻止，反而是鼓励他，告诉他，这是男子汉的行为。在他进学校之后，他曾经很多次和别的学生打架。对此，母亲也没有严格地训斥，甚至都没有责怪过他，好像打架这一事情是理所当然的一样。他的父亲曾经对此给予批评，但是无奈，母亲给他撑腰，告诉他，打架是有勇气的表现，千万不要做一个老被别人欺负的窝囊废。

在这样的教育下，这个孩子在黑暗的道路上是越走越远，最终拦路抢劫，被关进了少年教养所。可直到这个时候，他的母亲仍然没有意识到，孩子的这一切都是由于她造成的，她的不正确教育、她的厌弃，就将这个孩子原本光明的前途彻底毁灭了。

试想一下，如果这位母亲能够对儿子进行正确的教育，那她的孩子还会在大好年华里被关进高墙之内吗？会不会能够非常快乐地过着平凡的生活？应该是很有可能的吧。毕竟这都是后天的教育所造成的。

事实上，在父亲和母亲之间，母亲似乎更具有教育孩子的优势，因为她们具有抚养孩子的天性，与孩子相处的时间会更长一些，而且她们的心思也更加细密，所以，母亲对于孩子的教育具有得天独厚的优势。但是有很多的女士们不赞成这样的说法，"教育孩子是父母双方共同的事情，怎么能够将所有的事情都推到母亲的身上呢？难道父亲没有责任吗？"这样的指责可以说是有一定的道理的，但是前面，我也并没有说，父亲对于孩子的教育不负有责任，只是相对来说，母亲的教育影响更为大一些而已。

在听完这些优势之后，相信很多女士都会感到非常激动，因为有人承认了她们教养子女的重要意义，于是，她们也愿意承担更多的责任，愿意为子女做更多的事情。但是具体要怎么做呢？难道真的就像那位少年犯的母亲一样？看来那样的教育方式是该被大家鄙夷的，没有一个有头脑的母亲会做出那样的事情。

母亲教育子女的第一点，便是要提高自己的修养和素质。要知道，一个母亲对于孩子是有非常大的影响，从外在的行为表现到内在的性格、思想，他们都会有意识地模仿母亲的行为，所以，作为教育的第一堂课，母亲便要提高自己的素质，在与孩子们相处时，要严格地注意自己的一言一行。就算退一步说，一个母亲本身并没有多高的修养，但是在孩子面前，她必须装出来，努力地让自己成为孩子们学习的典范。我知道这非常难，但是为了孩子的未来，我想，女士们都会努力去完成的。

第二点，母亲要能够多给孩子一些表扬和鼓励。我们都知道，表扬具有非常积极的作用，能够使人创造奇迹，而相对应的，过多的批评则会导致孩子过多的自责，使他们为了获得成功而做出一些冒险的行为。这样对比看来，表扬的作用要更大一些。

当然，这里的表扬也有正确与否的问题。很多的父母在这个问题上都是犯过错误的，他们在批评孩子的时候会明确地指出哪儿哪儿错了，但是表扬的时候，却总是含糊不清的："你真是个了不起的孩子"，这类的表扬在现实中是经常存在的。但事实上，这是非常不恰当的行为。有了对于错误行为的强化和表扬的含糊化，很可能会在孩子的心中对于错误的行为留下更深的印象，因为它足够细致。这种表扬和批评会对孩子的成长产生不好的影响。如果说要改进，那就要让这种表扬更为细致一些，比如说，把"你很勇敢"变成为"我为你摔倒了以后仍然爬上车而感到自豪。"这样就明确地说明了哪种行为会受到这样的表扬，会加深孩子对于正确行为的印象，以便于以后向着好的方向发展。

第三点，便是母亲要为自己的爱设定较为宽松的界限。如果你的孩子不小心越界了，你要告诉他，你对他的这种行为感到失望，但不是对他这个人感到失望，还有补救的机会。至于说放松界限，这是孩子成长的必然要求。随着孩子们的年龄越来越大，尤其是男孩子，他们会想要与母亲保持一定的距离，这个时候，界限就应该适当地放宽，作为母亲，既不能感到自己被抛弃了，也不能表现得唯唯诺诺，要能够有一定的魄力。

另外，母亲在教育子女的过程中，要能为孩子树立一个道德指南针，不仅仅要在重大的事情上培养孩子的是非观念，在日常小事中，也要让孩子们学会明辨是非。曾经有一位母亲看到自己5岁大的孩子骑着邻居家小孩的车在小巷子里玩耍，于是母亲走过去问是怎么一回事儿。她的孩子回答说："妈妈，汤姆今天在学校，不需要车子，所以我拿来玩了。"这位母亲紧接着问："你推别人的车出来玩，经过人家同意了吗？"孩子惶恐地摇了摇头。母亲继续问道："那退一步说，你征求这位小车主的父母同意了吗？"孩子的脑袋低得更低了，"没有，我看到车子放在门外面，便直接推着去玩了。"搞清楚了事情的真相，母亲继续问："那，不经过主人的允许，你私自将车子推出来玩，这样做对吗？"孩子自己回答说："对不起，妈妈，我应该先经过别人的同意的。"于是，孩子在母亲的开导之下，将车子还了回去，并且正式地向人家道歉。在这样的教育过程中，母亲就帮助孩子树立了一个价值体系，里面就包含有责任感、正直、诚实等。这将成为孩子一生的价值标杆。但是女士们，请注意自己的行为，我相信，没有一个母亲希望有一天，当她在阻止自己的孩子做某件错事时，孩子对她说："可是，妈妈，你就是这样做的啊。"这样的场景是没有人愿意看到的。

同时，女士们，你们一定要注意，在教育孩子的过程中，将自己的母性充分发挥出来就足够了，要能够从细节上体现关怀，因为孩子们的心很敏感，他们往往会对一件很微小的事情产生深刻的印象。再有，这种母性的发挥要注意尺度，要掌握好关怀的火候，不要变成唠唠叨叨、惹人烦。

幸福箴言

母亲是世界上最伟大的人，养育孩子则是母亲与生俱来的职责。任何人对于社会、家庭所作出的贡献都不如母亲大，她们为世界培育了新生命，教育这些新生命，不仅仅是一种权利，更是一种责无旁贷的义务。

开源节流，学会家庭理财这门课

有一位著名的经济学家曾经说过："大多数人不能真正地理解金钱的含义，因为对他们来说，收入的增加并不代表着生活水平的改善，这仅仅代表着他们有更多的地方需要花销。"为什么会这样呢，因为大多数人不了解理财的概念。其实，这是很重要的一课。

我们不得不承认一个悲哀的现实，那就是我们现在所拥有的钱，与几年前相比，实在是贬值了很多。虽然说，人们的生活水平有了一定程度的提高，但是相应地，物价水平也在不断地上涨，各项生活的基本支出越来越高，孩子的教育费也日渐攀升，这个时候，就有一个日渐严重的问题摆在了诸位主妇的面前，那就是家庭理财。

关于家庭理财这个概念，很多人并不理解，也有很多人错误地将它认为是一件简单的事情，事实则不然。有一位著名的学者曾经这样说过家庭理财："家庭理财其实并不是一件很困难的事情，对于我们来说，只要把握住一点就够了，那就是有钱你就多花，没钱你就少花。"这话说着简单，但要真正施行起来却是非常困难的。有钱的时候，状况还稍微好一些，可如果没钱呢，你拿什么去应对那一项项必须的支出。如果没有了可以周转的钱，对于一个家庭来说，实在是一件可悲的事情。

其实，用简单的几个字来概括家庭理财，那便是开源节流、预算开支。只要掌握好了这几个字，家庭理财其实也不是特别困难的一件事情。

首先，我们来说开源的问题。用最简单的词汇来理解，开源就是要多挣钱。那除了正常的工资收入之外，我们怎么才能变出更多的钱呢，这就是投资的问题了。钱生钱，谁不喜欢呀，但是具体往哪个领域投资，这并不是一件简单的事情，可能需要夫妻两个认真仔细地研究之后才能做出决定。我在这里就简单地提几种投资的方式。

先是股票。股票人人都喜欢，钱多的大买，钱少的小买，几乎是全民皆股。但是股票这个东西是有很大的风险的，经常有各种媒体会报道，某某人炒股赔了多少多少跳楼自杀之类的。于是，谨慎这个词就成了每一个股民都需要记住的金玉良言，从刚进股市就知道的"股市有风险，入市需谨慎"，到每一次的操作，谨慎是必须的。在风险和利益的博弈面前，如果你看不准大盘或者个股的走势，最保守、也最不会出错的建议应该就是谨慎观望了。

再是保险。这年头，是个人就怕出意外，所以，N多人选择投保。当然，有灾有病获赔、没病图个心安这已经是保险最原始的意义了。在高速发展的今天，人们买保险，很大程度上都是冲着利益去的，都把它作为一种投资方式。这样做，几乎可以达到有病拿钱，没病收益的效果，很多人都越来越喜欢这种投资模式了。

接着是基金。这是时下的年轻小白领们经常用的一种投资方式，尤其是基金定投，本钱比较少，期限也比较短，灵活性很强，是比较自由的一种投资。

再来看房地产投资，一般这是财大气粗的人才能选择的投资方式，一套房动辄上百万，普通人也没有这样的经济实力，于是，家底薄的人都靠边站吧。

接着说说收藏，这更是一个劳心劳力的活儿，你可以收藏金银条，可以收藏各种古玩器皿，只要是值钱的东西，都可以收藏起来，只要有人买，你提价卖出去，那就成了。

其实，开源这部分内容在家庭理财中并不是很重要的一部分，毕竟在一段时间之内，一个家庭的经济收入是基本固定的，没有什么大的出入。在这样的情况下，做好预算开支就显得非常重要了。

首先你要记录下日常生活中的每一笔开销，清楚自己收入的使用情况，这样才能够分析出自己家的财政收支情况，制订出合理的开支计划。

记录以往的花销是非常必要的，只有这样，我们才能够找出自己每一笔钱花在哪里，如果超支了，是在哪儿超了，这样才能够适当地作出调整。这个方法应该是十分有效的。

我认识一对夫妻，他们在记录花销这一点上就做得非常好。他们每个月都要对自己的家庭生活开支进行详细的记录和比对，这一记录，还真的就看出了问题。他们每个月竟然要花费100美元来买酒，但事实上，这夫妻俩都不怎么喝酒，那这些酒都去了哪里呢？后来，夫妻两个经过认真的分析，找出了原因，那就是虽然他们俩都不爱喝酒，但是他们的朋友爱喝。而他们是很好客的一对儿，经常要邀请一些朋友来家里小聚，聚会的过程中，朋友们就难免来上几杯。于是，朋友来得多了，酒便逐渐地变少了，没有了。找到原因之后，这对夫妇做出了一个决定，那就是以后再也不把自己的家当成是免费的酒吧了。朋友照请，聚会照开，但就是不提供酒水了。这样一来，这夫妻俩一个月就能攒下100美元，他们就能用这些钱去做自己喜欢做的事儿了。

在正常的预算开支中，还有一条是储蓄。但事实上，许多人忽视了合理储蓄在理财中的重要作用。很多人都持有这样的错误观点，他们认为只要理好财，储蓄与否并不重要。事实上，这种说法是非常有害的，毕竟如果没有储蓄，那么，财富积累的难度就会很大，也很难实现自己的财务目标。所以，奉劝大家，还是要"先储蓄，后消费"！根据具体的比例来说，你可以在每个月发完工资之后，从中取出一部分先存起来，至于存多少，是比较自由的，不过有理财专家建议，这一比例最好是在15%至30%。取出这一部分来以后，剩下的钱再用于消费，并且严格规定自己只能用剩下的这部分钱进行消费开支，不能超支，因为你只有这么多钱，你必须做好你的消费支出计划，对支出进行严格的控制。

这样做了之后，你会发现，有不少的好处存在：第一，能够培养良好的投资储蓄习惯，不断进行财富的积累。第二，能够培养良好的消费习惯，因为要对各项支出进行有计划的控制，所以，以后每个月的消费品、住房、交通、通信、休闲等的各项开支都要先做好预算，如果预算做得不好，可以重做，但是这一过程，就表明了要将每项开支项控制在预算之内。

关于储蓄，洛克菲勒还有一个十分著名的故事。有一天，洛克菲勒在一份晚报上看到了出售发财秘诀的巨幅广告，他于是便连夜赶到书店去购买这本"求之不得"的书《发财秘诀》。他把书拿回家，急急忙忙拆开包装，却发现书内空无他物，仅仅有"勤俭"两个大字。洛克菲勒又生气又失望，一怒之下便将书扔到了地上，想转身去书店找老板算账。但是当时已经很晚了，他估计书店可能已经关门了，就气冲冲地睡下了，想第二天再去书店算账。这一晚上，洛克菲勒却辗转反侧，难以入睡。一开始的时候，他的确是对书的作者和书店非常生气，气愤他们为什么要用这么简单的两个字印书骗人，让他将辛辛苦苦攒的5美元血汗钱浪费在这"骗术"上！可是想来想去，他的气就渐渐消了，开始思考，为什么作者会仅仅用两个字出版一本书呢？又为什么偏偏选择了"勤俭"这两个字呢？他想来想去，越想越猜出了作者的用意，越想越觉得勤俭是人生立世和致富的根本道路。想到这里，他急忙从床上翻下来，把这本书从地上捡起来，然后端正地摆在卧室的书桌上，并以此作为他奋斗创业的座右铭。从此以后，他开始努力地打工，埋头苦干，把每天挣来的钱，除了交给家里一部分外，其余的，一分都不乱花，全部积攒起来，准备以后创业之用。就这样，五年之后，洛克菲勒积攒了800美元，他就用这笔钱开创了他的事业，并且一步一步地成为了石油大王。

看完这个故事，我们除了要感叹"坚实的财富是需要努力和节俭才能追求到的"这一理论，还需要从经济学的角度来看，来注意储蓄在其中发挥的重要作用，正是由于储蓄的力量，洛克菲勒才最终得到了许多意想不到的赚钱机会。

在说完这些之后，我们具体来看一看该如何制订一份预算计划。或许你本身就是做财务的，对此有非常明确的概念，你可以按照自己的经验来做。如果不是，我想推荐给你们一种简单的方法，说白了就是重要性递降的预算法。首先，你要列出这一年或者说这一月必须的开支，比如说房贷、房租，需要缴纳的保险费用、水电费、煤气费、食物的费用。将这些费用分别是多少列出来，算出一个相对固定的总数，这一部分钱就是必须要花的，可以作为每次的固定支出。然后，我们再来算第二类，位于这一类的，就是医药费、交通费、电话费等的费用。这些费用也是必须要支出的，但多少是不固定的，除非特别紧急的情况，否则这一部分的费用是可以压缩的。举个例子，你可以将打车变成乘坐公交，这样一点一滴省下来的钱也不会是一个小数目。当然，缩减这一部分的费用是在经济紧张的情况下，如果家庭财政还不存在什么负担，这一部分的钱可以正常支出的。接下来，我们来算第三类，这一类里面包含有购物费、交际费、娱乐费等，这些费用如果不是特别必要，是可以裁减的。

事实上，这么一算，很多女士们都会发现，原来自己以前把很多钱都花在了第三类上，而且还花费不菲。经过这样的预算计算以后，你对自己家中的经济有了更深刻的了解。你就需要增强控制能力，使自己不被一些东西诱惑，不至于一时冲动买下预算之外的东西。但事实上，女士们，你们也不用太过发愁，做这个预算，不是说剥夺了你们购物的权利，而是让你能更好地选择、思考一下，而且，家人在这个过程中也能起着非常重要的作用。因为你要动用的是全家的财政，所以别人有权利对你的消费提出建议或者意见。比如说，你要不要为了一件貂皮大衣而放弃一台洗衣机？你要不要为了一件好看的首饰而放弃美丽的衣服？这个问题只有你和你的家人有权利决定。这个时候，你就会发现，一张预算表有多么重要了。你可以在纸上认真地划拉划拉，算一下本月的活动资金有多少，够不够买这样的东西，然后家人允不允许你买这样的东西。

事实上，这才是家庭理财中最重要的部分，说起来容易，真正实施起来，要做出选择是非常不容易的。所以，最重要的，这份预算计划你要得到家人的支持，并且自己要有坚定的信心和决心。只有这样，才能真正将家庭理财做好。

幸福箴言

- -

美满幸福的婚姻是需要良好的沟通，这其中，重要的一点就是家庭收入的分配问题。学会合理地、高明地安排和处理家庭收入，就做好了建立幸福美满家庭的一件很重要的事情。

保卫爱情，打响自己的婚姻保卫战

《Sex and the City》一度大热，风华正茂的女子们与各式各样的男人们在爱情与欲望的漩涡里摸爬滚打，在"Labels（名牌）"和"Love（爱情）"中挣扎，希望能够兼得。于是，就有了无数的爱情与婚姻的战争。

保卫爱情，保卫婚姻，是现在的女士们经常要面对的一个问题。仔细地梳理一下，你似乎会发现，自己的周边真的是"群狼环伺"：有可能是温柔美丽的女秘书；有可能是顶着好友名义的爱慕者；有可能是双十年华的崇拜者……于是，自己的婚姻在众多的包围下便岌岌可危了；于是，越来越多的女人打响了婚姻保卫战。

但是，婚姻保卫战到底要和谁打？和外面的那些狐狸精女人？事实上，这只是表象而已，真正重要的，是你的先生怎么想，如果他对于爱情坚贞不渝，对你死心塌地，那么外面再美丽的女人都是没有诱惑力的；如果你的先生不够坚定，今天你打跑了第三者，明天还可能再来一个。这才是问题的关键。所以，聪明的女士们，要打好自己的婚姻保卫战，一定要把握好这个问题，一定要记得，爱情、婚姻只是一个男人和一个女人之间的事儿，一个女人，只要将这一个男人收拾熨帖就足够了。无论他的身边围绕着多少个女人，只要你征服了他，那你便是爱情、婚姻中的胜者，与其他人无关。

我就认识这么一个聪明的女子，她从恋爱的时候开始，就将这一原则应用得得心应手。这个女子名叫琳达。她是一个文文静静的女孩子，当然，这只是表面。在内心深处，她有着自己的想法和不肯退让的原则。我认识她的时候，她和森格交往已经有一年了，然而，这两个人之间却依然平平淡淡的，甚至可以说有些不太相投。琳达喜欢那些绵绵软软的甜食，森格却是清茶、清咖，加不得半点糖；一个爱吃辣，一个完全不吃……然而，最令琳达难以接受的便是，一年了，森格从来没有主动提过说要去她家拜访两位老人家。这样疏离而平淡的交往终于让琳达再也无法坚持下去了，因为她感觉自己抓不住这个男人的心，只有自己在一味地付出，太累了，于是她决定退出。

那天晚上，我们一群人在外面酒吧聊天。说着说着，森格的电话就打过来了，质问琳达为什么这么晚了还待在外面。琳达一下子就生气了，一个星期找不到他的人，好不容易出现，就是这种质问，想必谁也会受不了吧。于是，借着三分酒意，琳达冲着电话就嚷出了分手。

这之后的三天，琳达和我坐在一起聊了很多，她最终清醒地认识到一个事实：在这段感情中，自己太过主动了，随叫随到，还时不时地去森格家拜访，一切都为他想得太周到了……但是琳达不甘心就此放手，自己培养出的这个好男人转手让给别人，绝对不行啊。于是，我们便决定以退为进。这之后，琳达没有去黏森格，而是以一种分手的感觉来面对一切。她十天没开手机，连森格的父母都打电话到家里来，询问琳达为什么最近没去家里吃饭，琳达只一句淡淡的"分手了，不方便"。

十天，琳达心中也在思量着，时间够久了，如果森格心中还有自己，一定会找来的，于是，开机。铺天盖地的短信和未接来电显示，大部分都是森格的。显然，他忍不住了。十分钟过后，森格的电话打进来，邀她出去谈一谈。琳达当然是淡淡的拒绝，"我们已经分手了，没有这个必要了。"其实心底是狂喜，森格终于低下身段来，不再那么高高在上了。

一天后，森格的妈妈再次打来电话，告诉琳达，她儿子现在的状态很不好，整天邋里邋遢，做什么都提不起精神，委婉地问琳达，是不是可以再给一次机会。于是，琳达便借坡下驴，去见了一面，两人和好。而森格也提了大包小包的东西来拜见准岳父岳母。至此，琳达在这场爱情大战中终于还是没有输。

其实，我后来就在想，我和琳达当时定下的这个计策其实还是很冒险的，毕竟他们之前的状态总是一边倒，而且在森格的身边不乏其他女人，如果琳达也一味地陷在争风吃醋中，迷失了自己，结果恐怕还不会这么好啊。这么多年下来，我发现，在他们的爱情和婚姻中，琳达真的做得很好，她不是没有遇见过纠缠森格的，但是由于她的聪慧，森格的心一直都在她的身上，所以这才没有出现什么问题。

但是，女士们，我前面这么说，并不意味着要你们不和外面的狐狸精打仗，而是要抓住战争的本质。当然，在解决好自己男人的问题之后，是一定要出手，清除外面的潜在危险的。

我想，其实没有一个女士会希望自己的婚姻出现问题，因为那样的话，很可能就意味着两个人走到了尽头。但是不希望并不代表这样的事情就不会出现。要打好这场婚姻保卫战，女士们首先要做的，就是练就一双慧眼，让自己在最短的时间内发现婚姻中出现的情感问题，防患于未然。

波丽发现自己的丈夫彼得最近就好像变了一个人一样，以前的他不拘小节，邋里邋遢的，但是最近，他开始越来越在乎自己的形象，衬衣换得越来越勤，胡子也刮得一丝不苟。早上出门之前，一定会在镜子前面仔细地照上半天，确定没有什么不妥的地方才会出门。而且变化还不止这些。大约从三个月前开始，彼得的工作突然忙了起来，下班的时间一天比一天晚，休息的时候也经常去加班，有的时候还会把工作带回家来做，会在另外一个房间里接"公司"打来的电话。可能是工作比较忙、应酬比较多的原因，彼得的钱总是花得很快。对于出现的这一切变化，波丽简单地认为可能是工作压力太大了，所以她容忍了丈夫不陪她。

但是这一切都不是真实的，那天，彼得终于对波丽说出了实情，他和别的女人在一起了，要和波丽离婚。直到那个时候，波丽才知道，原来丈夫的改变并不是因为工作，而是因为出轨。

我想象不出，如果波丽能够提前发现这些异样的话，结局会不会不一样，但是现在，说什么都晚了，彼得已经下定决心要离婚了，没有挽回的余地了。因此，我想和女士们说，请一定要注意丈夫们的行为，注意下面的这些出轨前兆：突然十分注意自己的仪表形象、经常不能按时下班、身上的钱花得很快、总是背着人接一些电话、突然开始对你很反感、挑剔你的行为、性生活越来越少……这些都预兆着自己的丈夫可能有一些不好的行为，你要有所察觉，这样才能采取相应的措施。

事实上，这只是第一步，在发现丈夫的不忠之后，具体怎么做，才是考验你的能力的时候。这个时候，有的女人会选择大吵大闹，甚至和丈夫大打出手，或者用各种各样的条件威胁丈夫，但很明显，这些行为都是非常不明智的，是拙劣的、毫无效果的。真正睿智的女人应该首先是反省自己的行为，改正自己身上的缺点。

很多女士会在遇到这种问题的时候，将所有的责任都推给自己的丈夫，她们认为，不管是因为什么原因，丈夫出轨就是不对的。然而，这种认识是极为错误的。根据美国婚姻与家庭关系研究协会对500名有过出轨行为的男士进行的调查显示，其中仅仅有20%的人出轨是因为好奇、花心，剩下的绝大部分人则是因为妻子不能让他们获得家庭的温暖。这是一份令人震惊的报告。根据这样的情况，女士们，你们在责怪自己的丈夫之前，请认真地反思一下自己的行为，是不是自己这一方面出现了什么问题，你有没有经常唠叨、抱怨过丈夫，有没有经常对丈夫无礼等，如果有这样的行为，就一定要马上改正，只有改正好了，才能真正地拉回丈夫的心。

在改正好自己身上的毛病之后，女士们应该做的就是想尽办法将丈夫拉回自己的身边，但是亲爱的，你千万不要采取上面说过的那些方法，那样只会让事情越来越超出控制。真正的

高手应该是善于利用"欲擒故纵"的方法，留住丈夫的爱。

凯瑟琳已经知道丈夫有了外遇，她甚至还亲眼看见自己的丈夫和情人在一起，她虽然心痛，但是却忍着，她没有选择和丈夫马上摊牌，也没有大吵大闹，而是当做什么事都没有发生过一样，照常地给晚回家的丈夫准备好饭菜，放好洗澡水。她的这种淡定让丈夫罗德十分忐忑不安，他原本认为，妻子肯定会给他一顿责骂，他都已经做好了应对的准备，但是凯瑟琳却没有这样做。

终于，罗德忍不住了。他首先提出了这个问题："为什么你看到我和别的女人逛街，却没有质问过我啊？"凯瑟琳平淡地回答说："因为我在等你啊，我想知道你对待这件事情的态度。"罗德很难为情地低下了头，说自己还没有想好。凯瑟琳装作毫不在意的样子，继续说："没关系，那你就再想几天吧，我尊重你的意见。说实话，看见你和别的女人在一起，我真的十分心痛，觉得天都快塌了，但是我冷静下来，想一想，或许是我出了问题吧，毕竟我已经不年轻了，已经没有那个时候的魅力了。其实啊，回想我们那个时候，真的是多么美好啊，你总是找各种各样的借口约我出来玩，想多见我几面。我想我有点理解你的苦衷，毕竟，如果一个男人爱上一个女人，是不需要任何理由的，也是不会考虑任何后果的。所以，在这件事情上，我不发表什么意见，决定权在你的手上。"

说完这些话，两个人还是照常平静地过日子。过了大约一个星期，罗德告诉凯瑟琳，他已经和外面的那个女人分手了，因为他没有办法让这么深爱自己的妻子伤心难过，而且他冷静地想一想，自己还是非常愿意与妻子在一起继续生活的，自己最爱的还是面前的这个女人。

可以说，这个例子是我遇见过的最完美的处理婚姻风波的例子了。凯瑟琳几乎可以说是一个典范，她非常巧妙地运用了"欲擒故纵"这一招，完美地解决了婚姻危机，拉回了自己的丈夫。

此外，我还有一些地方需要提醒女士们。要想挽回自己的婚姻，有两件最有力的武器，那就是对家庭的责任感和他对你的爱。从家庭的方面考虑，没有任何一个父母希望自己的孩子在不完美的环境中长大，为了孩子，他有可能会妥协。而第二点，唤醒他对你的爱，则完全是要利用残留在记忆中的你们曾经美好的爱情来挽回丈夫的心。

幸福箴言

我一些自己喜欢做的事，或者是去参加工作，与丈夫拉开一定的距离，这样，或许就不会让丈夫那么快就产生疲倦感，长久地保持这种新鲜感，才能让婚姻更为长久、稳定。

淡定的女人最幸福：
卡耐基写给女人的幸福箴言

特邀审校：佳文编校

封面设计：夏　鹏

版式设计：孙阳阳

文字编辑：程　慧

美术编辑：刘晓东

插图绘制：宫凯波